Bella Draxler

WALDBADEN

Eintauchen in Grünoasen.
Wien & Umgebung

WiLD URB Kultbuch

verlag rittberger+knapp

Die Informationen in diesem Buch wurden mit größter Sorgfalt recherchiert. Dennoch können Fehler nicht vollständig ausgeschlossen werden. Die Benutzung dieses Buches und die Umsetzung der darin enthaltenen Informationen erfolgt ausdrücklich auf eigenes Risiko. Verlag, Autoren und Lektor können für etwaige Unfälle und Schäden jeder Art, die sich beim Besuch oder bei der Anreise zu in diesem Buch beschriebenen Orten ergeben, aus keinem Rechtsgrund Haftung übernehmen.

Alle Anreiseangaben ohne Gewähr.

Edition WildUrb
ISBN: 978-3-902999-45-0
1. Auflage Oktober 2021

Autorinnen: Bella Draxler, Doris Rittberger
Lektorat: Loris Knoll BSc. (grüngrätzlwege.at)
Coverfoto: ©Tanja Esser
Karten enthalten Daten der ©OpenStreetMap-Mitwirkenden/
www.openstreetmap.org (ODbL-Lizenz)

 Kommentare und Fragen gerne an:
office@rittbergerknapp.com

www.wildurb.com
www.rittbergerknapp.com

10
9
Klosterneuburg
XXI
XXII
1
2
3
8
7
XIX
XX
XVIII
XVII
IX
II
XVI
VIII
I
VII
XIV
6
XV
VI
IV
III
V
XIII
XI
XII
X
5
XXIII
Schwechat
4
Mödling
Himberg

Inhalt

Willkommen

Wann warst Du das letzte Mal in einem Wald? An einem dieser zauberhaften, hinreißenden, so faszinierenden Orte, an denen Elfen, feengleiche Gestalten oder doch nur eine Ahnung von etwas Unsichtbarem schelmisch hinter Baumwipfeln hervorlugen oder immerhin die mystische Annäherung ähnlicher magischer, wie wohl zauberhafter Erlebnisse möglich sind. Lausche der Stille, die der Wald in sich birgt. Nimm die Energie, die Dich innehalten und tief durchatmen lässt in Dir auf. Jeder Schritt, bei dem Du den Waldboden berührst, bindet Dich in etwas Großes, Mächtiges ein und gibt Dir Kraft. Willkommen in der Welt des Waldbadens!

Was meinen wir also konkret, wenn wir vom Begriff des Waldbadens sprechen und was meinen wir definitiv nicht? Dient Waldbaden vorrangig der Abkühlung? Gehen wir schwimmen oder baden, tauchen wir unter Wasser, in einen Teich, in einen Fluss? Nein! Vielmehr ist es die Möglichkeit, sich durch alle Sinne mit der Natur zu verbinden. Was Du dafür brauchst, ist vor allem Zeit und Lust, Dich genussvoll auf dieses Erlebnis einzulassen. Durch bewusst langsames Gehen der beschriebenen Routen und durch die Übungen in diesem Buch kannst Du Dich geistig und körperlich mit der positiven Energie des Waldes auftanken. Du musst nirgends ankommen, außer bei Dir selbst. Du nimmst Geräusche, Gerüche, Stimmungen und sogar die Stille, die Dich umgibt, bewusst wahr und tauchst ab, in dieses Universum, gemacht aus dem Geruch feuchter Erde, dem Plätschern

des Wassers, dem Gezwitscher der Vögel und dem Zauber, den es in sich trägt. Du bist das Knacken der Äste am Boden, das samtige Moos, das Tanzen der Baumwipfel im Wind, Du bist das Licht und der Schatten.

Die Touren sind als kleine Expeditionen angelegt. Wundere Dich nicht, wenn manche Wege scheinbar ins »Nichts«, also vom Hauptweg wegführen. Das ist so gewollt und gibt Dir die Möglichkeit, selbst Deine persönlichen Plätze und Orte zu entdecken, um zur Ruhe zu kommen und aufzutanken. Die Kilometerangaben im Buch dienen zur groben Orientierung. Am besten planst Du für jede Route 2-3 Stunden ein, um Dich auf dieses Abenteuer einzulassen. Obwohl die Wege alle leicht begehbar sind kann es vorkommen, dass Du über einige umgefallene Bäume klettern musst. Ich wünsche Dir jedenfalls viele besondere Momente beim Ruhefinden, beim Spüren, beim Loslassen und beim Ankommen – im Wald und bei Dir selbst.

Alle Wege sind online abrufbar

Alle Touren sind ganz einfach am Handy abrufbar, indem Du den QR-Code der jeweiligen Tour scannst und die Karte öffnest (Google Maps oder AllTrails). Ohne Handy: Öffne den Link www.wildurb.at/maps, klicke auf »WALDBADEN« und auf die gewünschte Karte und schon kannst Du die Map ausdrucken oder Dateiformate für Navigationsgeräte downloaden.

TOUR 1

Connected

Gedenkwald in Aspern

START & ANREISE
1220 Wien, Wangari-Maathai-Pl. 1,
Linie U2 › Seestadt
3,1km (1h) | RW | 40hm

BESONDERHEITEN
Teich, Steinquader, Baumkreise, Gedenkstein für NS-Opfer

Es gibt kein WiFi im Wald, aber Du wirst eine viel bessere Verbindung hier finden.
Verfasser unbekannt

Eine Auszeit nehmen, über Wiesen schlendern und den Duft des Waldes einatmen – auf 7ha Fläche präsentiert sich der *Gedenkwald* östlich der Seestadt, einem der größten Stadtentwicklungsgebiete Europas, in jugendlichem Licht. Dieses von der Stadt Wien 2017 aufgewertete Stück Natur eignet sich ideal dazu, um kurz von der City hinaus und mit der U-Bahn dem hektischen Getriebe, der Schnelligkeit einer Weltstadt und deren Lautstärke zu entfliehen. 1987 pflanzten 400 Wiener Kinder aller Konfessionen im Auftrag der Stadt und nach einer Idee des Bundes Sozialdemokratischer Juden 65.000 Bäume, um den Opfern des Nationalsozialismus zu gedenken. Ein Jahr nachdem der erste Baum vom damaligen Bürgermeister Helmut Zilk in die Erde gesetzt worden war, also 50 Jahre nach dem sogenannten Anschluss, eröffnete Zilk den Gedenkwald mit der Enthüllung eines auf einer Lichtung aufgestellten Gedenksteins.

Ein Puzzle aus Baumkreisen, etlichen Steinquadern, Wiesen und dem idyllischen *Himmelteich* bilden ein harmonisches Portrait des Areals auf dem ehemaligen Flugfeld Aspern. Auf der Brücke über den von Schilf umrahmten Himmelteich lässt es sich herrlich innehalten, den Entenkindern bei ihren ersten Flugversuchen zusehen, die Seerosen zählen

und dabei die Gedanken fließen lassen – ein malerischer Anblick im Farbenspiel der Jahreszeiten erwartet uns hier.

Der mit Metalltafeln bestückte Holzsteg führt von der Straße weg, hinein in den Wald, während uns die Texte entlang des Steges begleiten und Geschichten erzählen. Schritt für Schritt erfahren wir über die Entstehung des Gedenkwaldes, die Eroberung des Luftraumes, die Machtübernahme, Trümmerhaufen auf den Rollbahnen und was mit dem Beton nach dem Abriss geschah. Der Weg in den Wald hinein erinnert an die antisemitische Gewalt in Wien zwischen 1938 und 1945. »*Wo sich Eschen, Buchen, Eichen, Pappeln sanft im Wind wiegen. Spazieren! Erholen.*« – auf dem Weg hinaus wird das Flugfeld Aspern und die Seestadt thematisiert.

Junger Wald ist kostbar. Vor allem in Anbetracht der jährlich um die 100.000 gerodeten Quadratkilometer Wald weltweit. Grund für 39% der Rodungen sind der Ausbau der Landwirtschaft, allem voran die Rinderzucht und Erzeugnisse aus der Produktion von Soja und Palmöl. Und doch nimmt der Waldbestand in Österreich jährlich zu. Sogar in Wien, was uns an Lebensqualität unmittelbar zugute kommt. Aufforstungsprojekte wie hier im Gedenkwald Aspern oder auch Mini-Wälder (Tiny Forests) sind für Städte eine Möglichkeit, auf kleinem Raum für die Arterhaltung von Flora und Fauna und eine klimapositive CO_2-Senke zu sorgen.

Wusstest Du, dass...

...Bäume nachtaktiv sind? Bäume wachsen nachts, zwischen Mitternacht und den frühen Morgenstunden, in der Dunkelheit und nicht bei Licht. Wenn es trocken und heiß ist, ist Pause angesagt. Erst wenn das Defizit des Wassers ausgeglichen ist, wird der Baum wieder aktiv.

Wegbeschreibung

Seestadt › Seestadtstraße › Gedenkwald › links zum Baumkreis › Himmelteich › Rückweg ident mit Hinweg

Himmelteich

Waldbaden - Shinrin Yoku

Shinrin Yoku (jap.) bedeutet so viel wie »ein Bad im Wald nehmen«. Wobei Shinrin (Wald) und yoku (Bad) wesentlich mehr ist, als nur ein Spaziergang in der Natur und schon gar nichts mit Sport, wie Laufen oder Freizeitbeschäftigungen, wie z.B. Wandern zu tun hat. Vielmehr geht es darum, sich in der Natur aufzuhalten und mit allen Sinnen Natur in uns aufzunehmen und uns mit ihr zu connecten. In den urbanen Universen, in denen wir wertvolle Lebenszeit überwiegend in geschlossenen Räumen verbringen und bedingt durch die Arbeits- und Wohnsituation oft nur mehr zwei unserer Sinne (Augen und Ohren) nutzen, droht der Rest zu verkümmern. Zwischen Baumrinden und moosbewachsenen Wurzeln hingegen existiert eine Palette an sinnlichen Inputs – wir riechen frische Luft, kosten den Regen, lauschen den Vögeln und fühlen den Wind auf der Haut, während wir bisher unerkannte Farbnuancen und Schattierungen, filigrane und von der Natur liebevoll gezeichnete Details um uns herum entdecken. *Shinrin Yoku* ist die Brücke in die Welt der Sinne und ermöglicht es unserem Nervensystem, sich selbst neu zu konfigurieren und zu recyceln. Es bringt Geist und Körper in ihr natürliches Gleichgewicht. »*Auch streift der Mensch in den Wäldern seine Jahre ab wie die Schlange ihre Haut und ist, in welchem Jahre seines Lebens er auch stehen mag, doch immer ein Kind. In den Wäldern ist immerwährende Jugend.*« (Ralph Waldo Emerson)

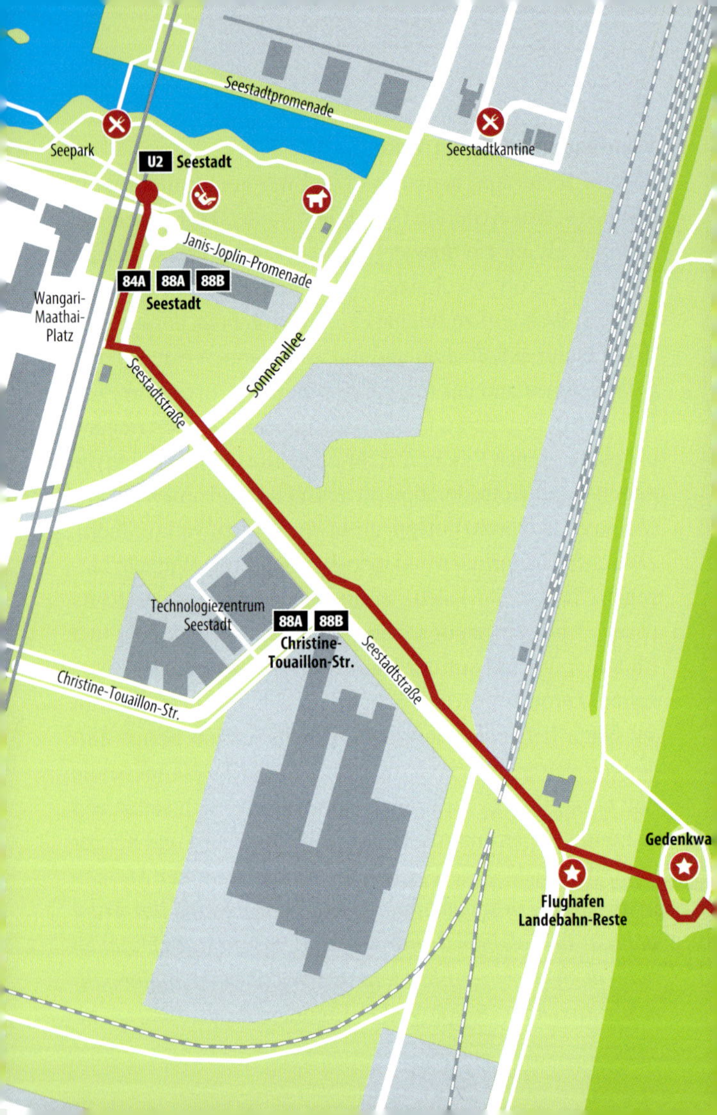
Seestadtpromenade
Seepark
U2 Seestadt
Seestadtkantine
Janis-Joplin-Promenade
84A 88A 88B
Seestadt
Wangari-
Maathai-
Platz
Sonnenallee
Seestadtstraße
Technologiezentrum
Seestadt
88A 88B
Christine-
Touaillon-Str.
Seestadtstraße
Christine-Touaillon-Str.
Gedenkwa
Flughafen
Landebahn-Reste

Karl-Beck-Gasse
Cankarstraße
Lehenstraße
99A
99B
Himmelteich
Niklas-Eslarn-Straße
Niklas-Eslarn-Straße
Himmelteich
Steinegarten
Baumkreis

TOUR 2

Aktivierend

Esslinger Furt in der Lobau

START & ANREISE
1220 Wien, Esslinger Furt 4
Linie 88B › Auernheimergasse
4,4km (1¼h) | RW | 50hm

BESONDERHEITEN
Aulandschaft am Donaualtarm,
weitläufige Wiesen, Holzstege

Natur! Wir sind von ihr umgeben und umschlungen – unvermögend aus ihr herauszutreten, und unvermögend tiefer in sie hineinzukommen. Ungebeten und ungewarnt nimmt sie uns in den Kreislauf ihres Tanzes auf und treibt sich mit uns fort, bis wir ermüdet sind und ihrem Arme entfallen.

Johann Wolfgang von Goethe aus »Fragmente über die Natur« (1780)

Der *Wasserwald* nördlich der Donau, den wir meinen, wenn wir von der Lobau sprechen, zählt zu den letzten intakten Augebieten Mitteleuropas. Dieses Naturjuwel zwischen Wien und der Mündung der March wissen die WienerInnen lange schon zu schätzen. Flächenmäßig nimmt das Gebiet mit seinen sage und staune 2.500ha Land fast ein Viertel des Nationalparks Donauauen ein und unterteilt sich in die sogenannte Obere und die Untere Lobau. Der Zutritt zum Auwald bei der Esslinger Furt über die Holzstege ist magisch.

Links und rechts die kleinen Tümpel der Donauarme, untermalt vom Plätschern des Wassers. Unter dem Dach der Bäume hindurch und schwupps, schon tauchen wir aus dem Alltag in ein Meer aus grüner Freude ab. Die Wege in der Lobau sind gut und einfach zu begehen. Meist sind es Schotterwege, auf denen wir umherwandeln, die großteils windgeschützt sind. Im Wald ist es tagsüber um etwa 4° bis 8°C kühler als auf der freien Fläche. Dort, wo Baumreihen am Waldesrand den warmen Wind aufhalten und das dichte Blätterdach die heißen Sonnenstrahlen filtert,

kann sich ein Waldboden nie so stark aufheizen wie der Bodenbelag in den städtischen Straßen und Gassen im Sommer. Die angenehme Kühle schafft somit nicht nur eine wunderbare Erleichterung für unser Kreislaufsystem, sondern lässt die Gedanken klar und den Kopf frei werden. Bei 30°C Außentemperatur oder mehr fährt das menschliche System, wie fit auch immer es sein möge, in den Reservemodus. Durch die niedrigeren Temperaturen zwischen den Bäumen und unter ihrem Dach aber kann sich der Blutdruck ganz von selbst auf eine gesunde Betriebseinstellung regulieren. Tauche ein in den Wald und genieße das kühle »Bad«!

Wusstest Du, wie...

... Farben wirken? Grün ist die Hoffnung, so sagt der Volksmund. Grün ist aber auch Sicherheit, Harmonie und nicht zuletzt dem Planeten Venus, also auch der Liebe zugeordnet. Farben schwingen und wir schwingen mit ihnen, das wusste schon Goethe, als er Ende des 18. Jahrhunderts die Farbenlehre erforschte. Mit ihr erkundete er das Wesen der Farben und ihre menschliche Wahrnehmbarkeit und suchte mit seinem Konzept Isaac Newtons Forschungen zu widerlegen. Auch wenn seine Thesen nicht alle stimmten und mittlerweile überholt sind, so legte er doch den Grundstein für heutige Erkenntnisse. Für Goethe galten Farben als Bewusstseinsinhalte aus sinnlichen Qualitäten, was bis heute die Basis der Theorie über die psychologische Wirkung von

Farben auf das Gemüt darstellt. Spricht der Meister über die Farbe Grün in den folgenden Worten: »*Wenn man Gelb und Blau, welche wir als die ersten und einfachsten Farben ansehen, gleich bei ihrem ersten Erscheinen, auf der ersten Stufe ihrer Wirkung zusammenbringt, so entsteht diejenige Farbe, welche wir Grün nennen. Unser Auge findet in derselben eine reale Befriedigung. Wenn beide Mutterfarben sich in der Mischung genau das Gleichgewicht halten, dergestalt, daß keine vor der andern bemerklich ist, so ruht das Auge und das Gemüt auf diesem Gemischten*

wie auf einem Einfachen.« wird rasch klar, warum es uns wohl tut, wenn wir durch Wälder streifen: Balance, Zufriedenheit und Harmonie – Grüntöne soweit das Auge reicht.

Kaltes, klares Wasser

Am *Groß-Enzersdorfer Arm*, gleich über die Brücke und hinein ins kühle Nass: Was schon die alten Römer wussten und später Ende des 19. Jahrhunderts praktiziert wurde, kann hier problemlos angewendet werden – Wassertreten, nach Kneipp & Co. Stell Dich in Fließrichtung des Wassers breitbeinig und mit nackten Füßen ins Bachbett und sieh dem Wasser beim Fließen zu, während Du langsam durch das Wasser stapfst. Geh im sogenannten »Storchengang« durch das fließende Wasser. Hebe nach jedem Schritt das Bein aus dem Wasser heraus und tauche es beim nächsten Schritt vorsichtig wieder hinein. Stell Dir vor, alles Schlechte fließt aus Dir hinaus, hinein ins kalte klare Nass und mit ihm fort. Stell es Dir sehr klar und bildlich vor und spüre gleichzeitig, wie Dich das feucht-kühle Element belebt und aktiviert und Du neue Energie über die Füße in Deinen Körper aufnimmst.

Wegbeschreibung

Gasthaus Hansi › Esslinger Furt › links Richtung Groß-Enzersdorf › Egerer Brückerl › rechts Richtung Vorwerk › an der nächsten Kreuzung rechts und zurück zur Esslinger Furt

Essling
Auernheimergasse
88B
Auernheimergasse
Kaposigasse
Kirschenalle
Pilatgasse
Kauderstraße
Pilatgasse
Gagerngasse
Mühlhäufel
Reinholdg.
Gasthaus
Hansi
P
Esslinger Furt
Groß-Enzersdorfer Arm
Oberer Waidhagen
Vorwerk
Erlmais
Waidhagen

Biohof Mader
Groß-Enzersdorf
Autokinostraße
Badgasse
Akazienweg
Stadler Furt
Mühlgründl
Groß-Enzersdorfer Arm
Egerer Brückl
Festwiese
Kasernbrücke
Vorwerk

©Bella

TOUR 3

Bewegend

Praterwildnis

START & ANREISE
1020 Wien, Handelskai 428
Linien S80, 77A, 79A, 79B › Praterkai
3km (1h) | RW | 50hm

BESONDERHEITEN
Wildes Waldbaden, Wallfahrtskirche Maria Grün, Waldandacht

Bäume sind Heiligtümer. Wer mit ihnen zu sprechen, wer ihnen zuzuhören weiß, der erfährt die Wahrheit. Sie predigen nicht Lehren und Rezepte, sie predigen, um das einzelne unbekümmert, das Urgesetz des Lebens.
Hermann Hesse

Dort hinten, wo die Praterwildnis noch Dschungel sein will, dort wo sie sich nicht in ein braves Schema pressen lassen mag – unartig wie ein trotziges Kleinkind oder ein ewig uneinsichtiger Jugendlicher ist sie der Punk unter den Wiener Grünräumen und das ist gut so. Weiter hinten beim Krebsen- und beim Mauthnerwasser beispielsweise, dort wo der Prater urtümlich ist und ungestüm, dort macht das Waldbaden erst so richtig Spaß und dorthin werden wir mit Dir gehen. Komm mit! Eine Art Agilityparcours für Zweibeiner aus kreuz- und querliegenden Baumstämmen bildet den ehrlichsten Teil des uralten Auwaldes. Und ja, man kann sich sogar verirren, wenn man nicht aufpasst, denn genau hier beginnt die Aulandschaft, die einst von den Seitenarmen der Donau gebildet wurde, mit ihren mächtigen, umgefallenen und morschen Baumriesen konfus zu werden. Wesen aus Mordor, dem Nordosten von »Mittelerde« (Wiener Stadtzentrum), lugen scheinbar aus dem Wasser hervor und tun so, als wären sie Teil einer fantastischen Welt oder immerhin ein Eldorado für Biber und Sumpfschildkröten, die sich gerne auch mal die Sonne auf den Bauch scheinen lassen. Ein Urwald, wenn man so will – zwar nicht im Zen-

trum, aber doch mitten in Wien. Vieles von der damaligen Au-Charakteristik hat sich bis heute erhalten. Wiesen, Waldwege und Trampelpfade haben sich durch Begehung und Benützung gebildet und sind nicht am Reißbrett entstanden.

Wer langärmelig gekleidet ist, ist klar im Vorteil. Vor allem, wenn man kurze oder auch längere Momente an den Gewässern verweilt, dabei das Spiel der Glitzerhüpfer im Wasser von einer der Uferbänke aus beobachtet, während die Füße genussvoll im kalten Wasser baumeln. Überbordendes Grün und schmale, verwunschene Pfade wollen entdeckt, und die Wildnis will beim Wildsein beobachtet werden. Wer sich leiten und verleiten lässt, kreuz und quer unwegsames Gebiet erkundet, wird neue Wege und dabei den geeigneten Platz für sich ganz alleine finden. Wer aufmerksam bleibt, trifft dabei auf Biber, die Bäume ins Eis krachen lassen und seltene blitzblau schillernde Eisvögel, die nach Fischen tauchen. Wer still ist, sieht Rehe hinter Bäumen hervorlugen und Eichkätzchen auf Baumstämme huschen. Dabei vergessen wir, dass quasi ums Eck und in Hörweite eine der meistbefahrenen Straßen Europas verläuft. Wenn dann im Frühling die frisch geschlüpften Mandarinenten ihre Nester verlassen und Libellen stolz ihre Flugkünste präsentieren, sind wir längst abgetaucht in den herrlich würzigen Duft des Waldes und mental schon meilenweit weg aus dem hektischen Getriebe einer Millionenstadt.

Wusstest Du, dass...

... Bäume ätherische Öle verströmen? Zu den vielen Sinneseindrücken im Wald gesellt sich auch das Riechen pflanzlicher Duftstoffe (Terpene), mit denen Pflanzen und Tiere untereinander kommunizieren. Um sich vor fiesen Schädlingen zu schützen und nützliche Insekten oder Baumkollegen vor Schädlingsbefall zu warnen, verströmen Bäume diese ätherischen Öle wie ein natürliches Insektizid. Man kann sie riechen. Manche stärker, manche weniger stark. Wir nehmen sie aber auch immer unbewusst wahr.

Sie dringen durch unsere Blut-Hirn-Schranke in das zentrale Nervensystem ein und und stimulieren dieses auf positive Weise. Verschiedene Terpene haben unterschiedliche Wirkungen: sie beruhigen, fördern die Konzentration, steigern das Immunsystem, heben die Stimmung, machen munter und fördern den Stressabbau.

Achtsames Gehen

Fokussiere Dich während des Gehens durch den Wald auf alles, was du hörst, siehst, riechst und fühlst. Oft ist es eine bestimmte Sinneswahrnehmung, ein Blick hierhin oder dorthin, ein scheinbar unwichtiges Detail, das Deine Aufmerksamkeit in den Bann zieht. Lass es zu und lass es fließen. Emotionen und Gedanken kommen und gehen wie die Natur im Kreislauf der Jahreszeiten – halte sie nicht fest. Versuche Dich von ihnen nicht ablenken zu lassen und gehe weiter. Nimm bewusst wahr, was Dich umgibt. Achte auf Deine Atmung, auf den Boden unter Deinen Füßen und weite Deine Aufmerksamkeit langsam auf alle Deine Sinne aus. Lass Dir Zeit, erzwinge nichts! Diese Übung hilft Dir dabei, gelassen, neugierig und für alles offen zu bleiben.

Wegbeschreibung

Praterkai › Aspernallee › Maria Grün (Kapelle) › Krebsenwasser umrunden › Waldandacht › Aspernallee › über Stemmerallee (entlang der Bahn) zurück zum Praterkai

Unteres Heustadelwasser
Praterkai
S80
77A
79A
79B
Hauptweg
Stemmerallee
Handelskai
Ameis-
wiese
Waldgasse
Aspernallee/
Schule
Laaer Ostbahn
Stemmerallee
Aspernallee
Maria Grün
Basketballplatz
Freudenau
Hauptallee
77A
Lusthaus,
Aspernallee
Lusthaus
Schwarzenstockallee
Belvedereallee
Bierinsel

Donau
Hafenzufahrtsstraße
Dammhaufeng.
79A 79B Dammhaufeng.
Waldandacht
Krebsenwasser
Benagelter Baum

Raiffeisen Wien
Meine Stadtbank
WER HÄLT MIR DIE LEITER, WENN ICH GANZ NACH OBEN STEIGE?
MEINE STADTBANK.
WIR MACHEN DEN UNTERSCHIED.
Unser Ziel ist es seit jeher, Menschen dabei zu unterstützen, selbstständig und unabhängig zu leben. Gemeinsam mit unseren Kunden wollen wir etwas bewegen, etwas schaffen und für die Zukunft aufbauen. Darum sind wir als Bank jederzeit persönlich und digital für Sie da. Überzeugen Sie sich selbst in einer unserer Filialen oder – jetzt neu – auch per Videoberatung.
Nähere Infos unter meinestadtbank.at
Impressum: Medieninhaber: Raiffeisenlandesbank Niederösterreich-Wien AG, F.-W.-Raiffeisen-Platz 1, 1020 Wien.

TOUR 4

Beruhigend

Helenental bei Baden

START & ANREISE
2500 Baden, Helenenstraße 55
Linien S3, S4, REX › Baden Bhf. ›
Linie 306 oder 308 › Rauhenstein
3,8km (1½h) | RW | 55hm

BESONDERHEITEN
Bach, Buchten, Reiher, Wasseramseln

Wir sind alle Blätter an einem Baum, keins dem andern ähnlich, das eine symmetrisch, das andere nicht, und doch alle gleich wichtig dem Ganzen.
Gotthold Ephraim Lessing

Für Stadtflüchtige bietet gerade das *Helenental* mit seinen malerischen Kulissen ein wahres Paradies, um in andere Sphären abzutauchen. Weg von den Häuserschluchten und dem grauen Beton, unweit von Wien, kann man sich hier im Sound der Schwechat in ein idyllisches Walduniversum beamen. In einem Gebiet, in dem bereits im 15. Jahrhundert Kalk gebrannt und das gerne vor allem von Künstlern zur Beflügelung und Ideenfindung besucht wurde, finden wir hier im Helenental, leicht erreichbar, eine der romantischsten Gegenden des Wienerwaldes. Eingehüllt in eine gewisse Leichtigkeit und umgeben vom Gefühl der Geborgenheit, trotz Nähe zur Bundesstraße und der Stadt Baden, wandeln wir entlang der 3,8km langen Strecke, die man zu jeder Jahreszeit und Witterung problemlos begehen kann. Selbst bei hochsommerlichen 35 Grad oder bei Regen gibt es keine Ausreden, denn das Dach der Bäume bietet Schatten und Schutz in allen Wetterlagen. Gut eingemummt, bei Schneefall und eisigen Temperaturen, wird die Landschaft zur winterlichen Postkartenidylle. Während Reiher in der Schwechat baden und sich selbst dann nicht aus der Ruhe bringen lassen, wenn wir ihnen dabei zusehen, können bei Sonnenuntergang sogar Flusskrebse beobachtet werden. Übrigens nicht nur

Reiher, sondern auch viele Spaziergänger ziehen gerne ihre Schuhe aus und waten durch das kühlende Wasser. In den Buchten an- und innehalten – dem Wasser im Schutz der großen alten Bäume beim Fließen zusehen, sich von ihnen umarmt und gehalten fühlen, alles Schlechte gedanklich fortspülen und die kraftspendende Wirkung der Natur in sich aufnehmen – ein guter Plan!

Selten und vielfältig

Direkt entlang der Schwechat wurden Streifen feuchtigkeitsverträglicher Vegetation angesiedelt. Der Bach, die charakteristische Aulandschaft an seinen naturbelassensten Stellen und die größtenteils steilen Hänge mit dichtem Mischwald ergeben den idealen Lebensraum für viele Tiere und Pflanzen und ermöglichen eine seltene Artenvielfalt, die ihresgleichen sucht. Die Winterlinde, die Esche, Silberweiden, Schwarzerlen, der Berg- sowie der Spitz- und der Feldahorn sind hier am häufigsten vertreten. Mittendrin wachsen einzelne Exemplare von Schwarz- und Rotföhren, die lange zur Harzgewinnung genutzt wurden. Hier begegnen uns am Weg immer wieder imposante Baumriesen und der einzige Wasservogel unter den Singvögeln – die Wasseramsel, die ihr Zuhause und ihre Nahrungsquellen hier an den ursprünglichen Bereichen der Schwechat gefunden hat. Sie gilt als wahrer Tausendsassa unter ihren gefiederten Kollegen, kann über den Gewässergrund laufen, unter Wasser schwimmen und lebt in architektonisch ausgeklügelten Kugelnestern direkt am Wasser. Die zunehmende Regulierung der Bachläufe aber, die in den letzten Jahren stattgefunden hat, bedroht den Lebensraum der Wasseramsel leider massiv und so ist sie auf der Roten Liste der bedrohten Tierarten gelandet. Ihr kleiner schillernder Artgenosse, der farbenprächtige Jäger und unter Jungfischen gefürchtete Eisvogel, ist eher in ruhigeren Zonen unterwegs. Auf seinem Speiseplan stehen vorzugsweise Forellen, Eschen, Koppen und Elritzen. Er nistet an steilen Uferböschungen in seiner bis zu

Eisvogel

einem Meter langen Brutröhre und auch für ihn gilt es, seinen Lebensraum zu bewahren, da er leider immer seltener wird.

Wusstest Du, dass...

... sich die Frequenz von morgendlichem Vogelgezwitscher nachweislich positiv auf den Hormonhaushalt, das Immunsystem und den Herzrhythmus auswirkt? Sie liegt bei etwa 5.000 Hertz und unterstützt damit, unabhängig von Art und Stimme des Interpreten, sogar biologische Vorgänge bei Pflanzen, die auf diese Weise die Poren ihrer Blätter weiter öffnen, wodurch mehr Licht in sie eindringen kann. Dem Gesang der Nachtigall wurde auch schon im Mittelalter stimmungsaufhellende Wirkung nachgesagt.

Flattern, ächzen, knarren, zwipzwip

Der Wald bietet unseren vom Großstadtlärm geplagten Ohren wahre Erholung, denn es gibt hier keine störenden Hintergrundgeräusche, die permanent auf uns einprasseln. Außerdem leisten Blätter und Nadeln mit ihren schalldämmenden Eigenschaften gute Arbeit: Der Wahnsinn, der uns an urbanen Geräuschen umgibt, wird uns erst bewusst, wenn er wegfällt. Unser Gehör kann zur Ruhe kommen und sich somit besser auf einzelne wohltuende Geräusche fokussieren. Such Dir einen Baum, an dem Du Dich für einige Minuten mit geschlossen Augen anlehnen kannst, dabei lausche den Geräuschen des Waldes. Was hörst Du? Die Vögel? Das

Knarzen und Ächzen der Bäume? Oder das Plätschern eines Baches? Was ist nah, was ist fern? Welche Emotionen nimmst Du dabei wahr? Lass Dich ein auf das Sammelsurium an Geräuschen, die Dir der Wald auf Deinem Besuch schenkt!

Wegbeschreibung

Hotel Sacher › Promenadegasse › Schwechat am Brückerl überqueren › rechts dem »Wegerl im Helenental« folgen › 500m nach dem Infopunkt »lebendiges Helenental« rechts zur Schwechat › Rechtsbogen › zurück zum Ausgangspunkt

40
Susanna Egger

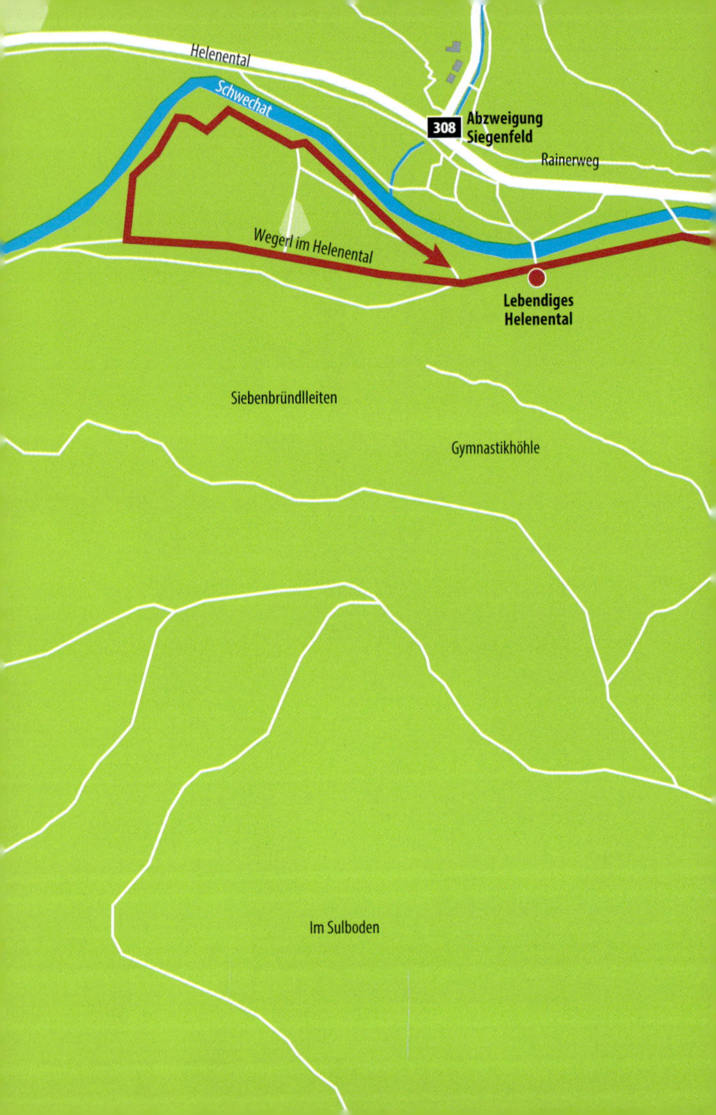
Helenental
Schwechat
308
Abzweigung Siegenfeld
Rainerweg
Wegerl im Helenental
Lebendiges Helenental
Siebenbründlleiten
Gymnastikhöhle
Im Sulboden

Urtelstein
ruiden-
andhöhle
Wegerl im Helenental
Rainerweg
Schwechat
Helenenstraße
Ruine
Rauhenstein
Rauhenstein
306
308
Wirtshaus
Hauswiese
Hotel Sacher
P
Helenenstraße
Wegerl im Helenental
Eugenvilla

TOUR 5

Besinnlich

Eichgraben im Wienerwald

START & ANREISE
3032 Eichgraben, Finsterleitenstr. 7
REX51 › Eichgraben-Altlengbach Bhf.
(23min. Gehzeit zum Ausgangspunkt)
2,2km (¾h) | RW | 50hm

BESONDERHEITEN
Streuobst & Kräuter, Schwarzföhren

Dieses Gewächs gleicht dem Menschen. Es hat eine Haut, das ist die Rinde; sein Haupt und Haar sind die Wurzeln; es hat seine Figur und seine Zeichen, seine Sinne und seine Empfindlichkeit im Stamme.
Paracelsus

Das sanfte Grün, der Duft der Nadeln und des Laubes und dann noch das Plätschern des kleinen Baches – willkommen in Eichgraben, einer Tankstelle des Wohlbefindens. Zwischen umherwuselnden Feuersalamandern und faszinierenden Baumkonstellationen gibt es abwechslungsreiche Strukturen, die sich von anderen Arealen merkbar unterscheiden. Vom scheinbar tiefen Wald kommt man auf riesige Wiesen, ein wenig unerwartet an Hecken, Obstbäumen und blütenreichen Feldhainen vorbei, entdeckt dort und da einen Teich oder immer wieder auch mal ein Bächlein, das sich je nach Niederschlag unerwartet gebildet hat. Wer den Hügel hinuntergeht, um sich heimlich ins Laub zu legen, lässt fein gebettet den Anblick des Baumpanoramas aus der veränderten Perspektive diametral von unten nach oben auf sich einwirken und die Wolken an sich vorüberziehen. Aus dieser umgekehrten Sicht auf die Welt kann man gut festgefahrene Meinungen über Bord werfen und eine neue Position einnehmen.

Wir leben im Paradies, denn rund 48% der österreichischen Staatsfläche bestehen aus Waldgebieten. Für uns völlig unverständlich, erlaubt es das Forstgesetz erst seit 1975 Wälder

zu Erholungszwecken zu betreten. Jede Nutzung, die darüber hinausgeht, sei es um zu zelten, zu reiten oder zur Befahrung, ist nur mit der Zustimmung des Waldeigentümers erlaubt. Für uns Waldbadende und Ruhesuchende also kein Thema. Wir sind mitten im Biosphärenpark Wienerwald gelandet, einem der größten Laubwaldgebiete Europas, das großflächig von Buchenwäldern dominiert wird. Auch eine Streuobstwiese liegt auf unserem Weg, auf der sich nicht nur Äpfel und Birnen, sondern auch seltene Tierarten wie der Segelfalter, der Steinkauz, die Baumhummel und der Blutspecht wohlfühlen. Die alten Obstbaumbestände wurden in den letzten Jahren besonders gepflegt und mehr als 600 Bäume auf den Wiesen neu gepflanzt. Uns interessieren außerdem die je nach Jahreszeit hier vorkommenden Kräuter: Rossminze, Goldrute, sowie Beifuß, Brennnessel, Schafgarbe uvm.

Wusstest Du, dass...

... das Wissen um Heilkräuter so alt ist wie die Menschheit? In einem Neandertalergrab wurden sieben verschiedene Heilkräuter gefunden, darunter Malve und das Tausendgüldenkraut. Babylonische Tontafeln und berühmte altägyptische Texte handeln von Behandlungsmethoden und Zutaten wie heilende und giftige Pflanzen, die man vorwiegend für medizinische Zwecke verwendete. Sehr bekannt wurde die Äbtissin eines Benediktinerinnenordens, Hildegard von Bingen, die um 1100 mit ihrem Buch »Physica« heimische Kräuter und Pflanzen dem antiken Wissensschatz hinzufügte. In Klöstern wurden schon immer Kräutergärten angelegt und das Kräuterwissen dokumentiert. Das Sammeln von Kräutern gehörte zum Alltag der Landbevölkerung. Kräuterweiblein belieferten die Apotheken mit selbst gesammelten Wildkräutern und halfen die Leiden armer Leute zu lindern. Wildkräuter wie zum Beispiel Bärlauch, Löwenzahn, Giersch, Knoblauchsrauke und die Brennnessel sind unterschätzte Delikatessen am Wegesrand.

All-Eins sein

Jedes Kind träumt von einem Baumhaus, viele Erwachsene tun es ihr ganzes Leben lang. In einem Baum zu wohnen, ihm ganz nahe zu sein, seine Geräusche zu hören und ihn zu spüren – ein unerfüllbarer Traum für viele. Manche Menschen kehren jedoch der Zivilisation den Rücken, um nur mehr im Wald zu leben. Sie verbringen viele Jahre in selbstgezimmerten Waldhütten oder improvisierten Camps. Das Leben im Wald ist aber alles andere als ein Wellnessurlaub, denn der Anbau von Früchten und Gemüse für den täglichen Bedarf und das Sammeln von Holz, um die Mahlzeiten zubereiten zu können und um genügend Holz fürs Heizen der Feuerstelle zur Verfügung zu haben, setzt körperliche Kraft und Widerstandsfähigkeit voraus.

Einer der bekanntesten Waldbewohner war H. D. Thoreau, der sich an das Ufer des Walden-Sees im Bundesstaat Massachusetts der Vereinigten Staaten zurückzog. Auf dem Gelände seines Gönners Emerson baute er sich eine kleine Blockhütte von gerade mal 15m² Größe. »*Ich zog in den Wald*«, schreibt Thoreau, »*weil ich den Wunsch hatte, mit Überlegung zu leben, dem eigentlichen, wirklich Leben näherzutreten, zu sehen, ob ich nicht lernen konnte, was es zu lehren hatte, damit ich nicht, wenn es zum Sterben ging, einsehen müsste, dass ich nicht gelebt hatte. Ich wollte nicht das leben, was nicht Leben war; das Leben ist so kostbar...*«

Für viele nicht nachvollziehbar, konnte Thoreau das Alleinsein in der Natur genießen. Zumal er nicht nur Tiere, sondern auch Pflanzen, Berge, Gewässer und Wiesen für beseelt hielt. Er freundete sich mit den Mäusen, Eichhörnchen, Rebhühnern und Hasen an und war mit seinem geliebten Walden-See und den Bäumen per »Du«. Christopher Knight verbrachte 27 Jahre lang im Wald, ohne mit einem einzigen Menschen ein Wort zu wechseln. Im Alter von 20 Jahren ließ der extrem schüchterne junge Mann sein Auto am Waldrand in Maine stehen, den Schlüssel auf der Konsole liegen

und ging in den Wald. Im Gegensatz zu Thoreau lebte Knight nicht mitten in der Wildnis. Er fand im Wald einen geeigneten Lagerplatz, an dem er dann 25 Jahre lang lebte.

Allein, aber nicht einsam – suchende Menschen, die aus künstlerischen, wissenschaftlichen, religiösen oder persönlichen Gründen die Gesellschaft verlassen, sind heute die bekannteste Art der Einsiedler. Eine der letzten Eremitagen in Europa, die Klause am Palfen – Saalfelden/Pinzgau – wird seit gut 350 Jahren hindurch regelmäßig von Menschen bewohnt, die das Alleinsein und die auf das Wesentliche reduzierte Lebensweise zumindest für eine Zeitlang bevorzugen. Torbjørn Ekelund, Familienvater und erfolgreicher Geschäftsmann träumte ebenfalls vom Leben im Wald und von Expeditionen und weil er nicht an Pole reisen oder den Mount Everest besteigen konnte, erfand er für sich das Konzept der Mikroexpeditionen. Er beschloss, ein Jahr lang pro Monat jeweils einen Tag und eine Nacht im Wald zu verbringen, um sich eine Auszeit vom Alltag zu gönnen, um der Natur und den Wäldern in seiner Heimat Norwegen nahe zu sein und bei sich selbst anzukommen.

Wegbeschreibung
Am Wienerwaldbad der Finsterleitenstraße folgen › nach 200m rechts auf Waldweg und diesem bis zum Rastplatz (Römerstern) folgen › zurück über Hinweg

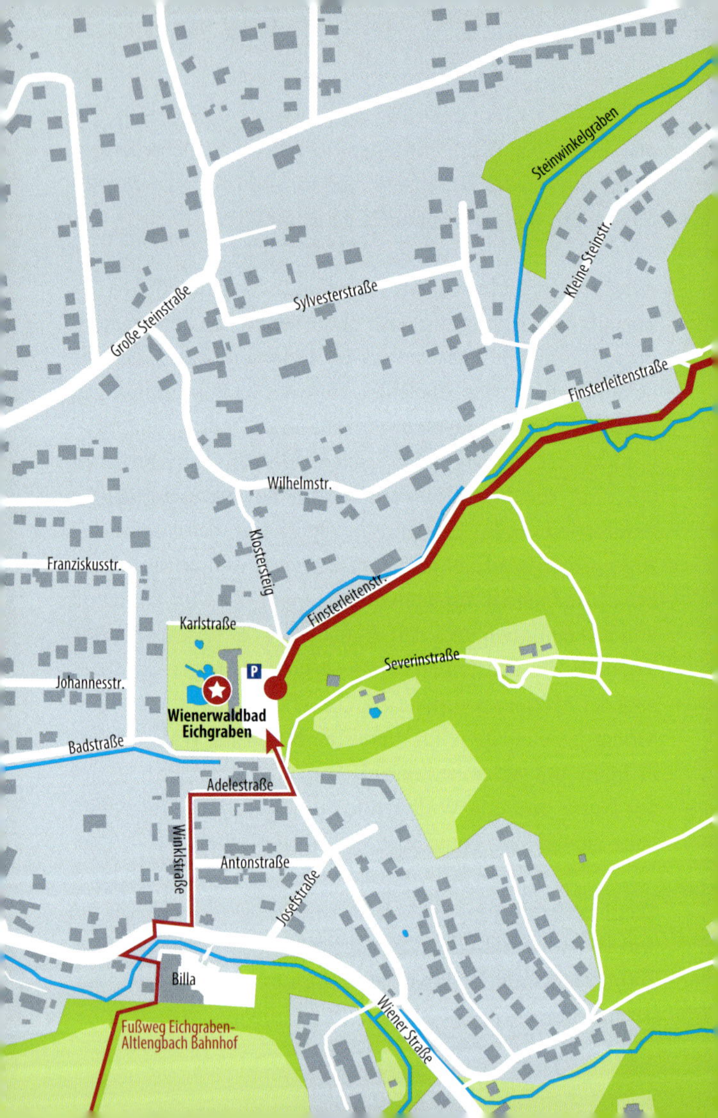

Steinwinkelgraben
Kleine Steinstr.
Sylvesterstraße
Große Steinstraße
Finsterleitenstraße
Wilhelmstr.
Klostersteig
Franziskusstr.
Finsterleitenstr.
Karlstraße
Severinstraße
P
Johannesstr.
Wienerwaldbad Eichgraben
Badstraße
Adelestraße
Winklstraße
Antonstraße
Josefstraße
Billa
Wiener Straße
Fußweg Eichgraben-Altlengbach Bahnhof

Finsterleitenstraße
Römerstern
Kaiserspitz
Rastplatz
Streuobstwiese
Rittsteigstraße
Finsterleitengraben
Bergstraße

TOUR 6

Transformierend

Nikolaiberg im Lainzer Tiergarten

START & ANREISE
1130 Wien, Nikolausgasse 1
Linie 49 › Hütteldorf, Bujattigasse
(10min. Gehzeit zum Ausgangspunkt)
3,5km (1¼h) | RW | 90hm

BESONDERHEITEN
Eichen & Buchen, Naturwaldlehrpfad

In den Wäldern gibt es Dinge, über die nachzudenken man jahrelang im Moos liegen könnte.
Franz Kafka

Wenn wir diese uns so freundlich einladende Welt durch das hölzerne Nikolaitor in den Lainzer Tiergarten betreten, werden wir von Entschleunigung und Verbundenheit begrüßt. Imposante, schattenspendende Bäume, weitläufige Wiesen in unüberschaubarer Großzügigkeit – knapp 2.000ha Wald, die hier im westlichen Rand Wiens einen optimalen Lebensraum für seltene Tiere, Pflanzen und Pilze und uns stimmungsvolle Momente bietet. Markant sind die weitläufigen Eichen- und Buchenwälder. Zu den Baumkollegen gesellen sich Rot- und Hainbuchen und die Zerreiche, deren Früchte eine Spezialität für den hier lebenden Wildbestand darstellt. Am Johannser Kogel, einem 377m hohen Hügel kann man beispielsweise den Feld-Ahorn, die Esche oder

Eichen mit einem Stammumfang von oft mehr als vier Metern umarmen. Der Eichenwald mit seinem über 400 Jahre alten Baumbestand ist außergewöhnlich aber nicht öffentlich zugänglich. Im Zuge eines Forschungsprojektes, das 1972 gestartet wurde, bleibt das umzäunte Naturwaldreservat hier ganz sich selbst überlassen. Sogar die 1.600 Lainzer-Wildschweine haben »Lokalverbot«. Vom Kreislauf der lebenden Bäume bis zu den Zersetzungsprozessen erfährt man bei den spannenden Führungen »Erlebe den Urwald von morgen« – buchbar im Infozentrum Lainzer Tiergarten.

Helping Hands

Bakterien sind die Stoffumwandlungsprofis unter den hilfreichen Dienstleistern im Auftrag des Baumes. Sie sind dafür verantwortlich, dass chemische Prozesse stattfinden können, die dem Baum das geben, was er zum Leben und Wachsen braucht. Dazu gehört neben Sauerstoff und Kohlendioxid auch Stickstoff in einer für ihn verwertbaren Form. Wertvolle Mineralstoffe holt sich der Baum über seine Wurzeln direkt über den Boden. Bevor er in die Winterpause geht, in der so gut wie kein Wachstum stattfindet, schüttelt er seine Blätter ab, die dann in Verbindung mit anderen organischen Stoffen im Boden eine durch Bakterien und Pilzen zersetzte Humusschicht bilden können. Dieses ausgeklügelte System erzeugt einen praktischen Speicher für Mineralstoffe, die bei Regen nach und nach ausgewaschen werden, in den Boden eindringen und anschließend für den Baum als Nährstoffquelle zur Verfügung stehen.

Wusstest Du, dass...

... Totholz als Basis für Artenvielfalt gilt? Umgefallene oder stehende tote Bäume, liegengebliebenes Geäst und Strunke, über die wir uns vielleicht schon oft gewundert haben, sind wertvoller als wir annehmen würden. Was einen unaufgeräumten und auf den ersten Blick ungepflegten Eindruck macht, ist das Zuhause von Siebenschläfern, Käuzen, Fledermäusen, circa 1.700 heimischen Käferarten und zahleichen Vogelarten, die sich ihre Lebens- und Bruthöhlen in toten Bäumen einrichten. Moose und Flechten benötigen das tote Holz als essentiellen Nährboden und Pilze sorgen sogar dafür, dass das Holz in wertvolle Nährstoffe für nachfolgende Baumgenerationen umgewandelt wird.

Mach Dir Deine Welt

Erinnerungen an Vergangenes wollen losgelassen werden, um Dich in Zukunft nicht mehr zu belasten und eine positive Entwicklung zu ermöglichen. Mach es wie Kaiser Friedrich

der III., der meinte: *»Glücklich ist, wer vergisst, was nicht mehr zu ändern ist.«* Vergiss und lass los, was Dich am Vorankommen in Deinem Leben hindert. Konzentriere Dich auf Deinem Spaziergang durch den Wald auf die Ziele und Visionen, die Du erreichen willst. Was soll sich in Deinem Leben künftig manifestieren? Was hattest Du Dir schon lange vorgenommen und was sind Deine geheimsten Wünsche, die auf Erfüllung hoffen? Wie kannst Du selbst Dein Leben in eine neue, bessere, gesündere Richtung lenken? Wolltest Du nicht immer schon aufhören, Dich selbst zu boykottieren, Dir selbst zu schaden, Dir in Wirklichkeit Gutes tun? Fokussiere Deine Gedanken und Deinen Blick nach vorne, schau nicht zurück. Wonach strebst Du? Was soll sich verwirklichen? Was soll werden, was entstehen? Nimm Schritt für Schritt wahr, wie Du Dich von allem Vergangenen distanzierst und wie schlechte Erlebnisse, Misserfolge, Krankheit, Leid oder all der Kummer, der Dich so lange gequält hat, hinter Dir liegt und immer kleiner wird, bis alles Übel in weiter Ferne verschwunden ist und Du es nicht mehr sehen kannst. Ein Fünkchen nur noch, ein kleiner Punkt, jetzt erkennst Du nicht mehr, was es einmal gewesen sein soll.

Kein Gefühl, weder gut noch schlecht, bleibt daran haften und es ist nur mehr Gleichgültigkeit damit verbunden. Du entfernst Dich mehr und mehr davon, was Dich nicht glücklich gemacht hat und was vergehen soll. Vor Dir liegt die Verwirklichung Deiner Wünsche, vor Dir liegt, was Dich glücklich machen wird und vor Dir liegt somit das große oder kleine von Dir angestrebte Ziel. Es ist machbar – DU machst Dir Deine Welt, wie sie Dir gefällt. Du selbst bist der Erschaffer Deiner Möglichkeiten. Gestalte Dir ein Bild davon, imaginiere es in allen Details. Je genauer Du vor Dir siehst, was Realität werden soll, desto genauer kann es sich verwirklichen. Lichte den Nebel, löse die Schleier, schärfe den Blick, während Du nach vorne schreitest. Was hinter Dir liegt? Keine Ahnung mehr! Vergessen. Es hat sich aufgelöst, verflüchtigt, es ist nie passiert und hat nie stattgefunden. Vor Dir liegt, was zählt. Du kommst Deinen Wünschen mit jedem Schritt näher, gleich bist Du da – so nah und so einfach erreichbar. Du bist Deine Gedanken und Vorstellungen. Jetzt! Fokussiere ein letztes Mal, schau genau hin – nimm die Klarheit, die Größe und das ganze Bild wahr und in Dich auf und empfinde Freude dabei. Sprich laut aus, was Du willst, sag: ICH WILL..., und fixiere es mit: JA!

Wegbeschreibung

Niklolaitor › dem Naturpfad bergan folgen (Stationen: Säulen des Lainzer Tiergartens, Wunderwesen Baum, Schwimmhäute, Specht, Waldvögel, Baumpilze, Totholzhaufen, Ameisenhotel, Sportliche Pflanzen, Gepanzerte Doppeldecker, Geschichte, Steinalt) der uns wieder zum Niklolaitor geleitet.

EU-Schulprogramm

Schulmilch:

#regional #natürlich #leckerschmecker

EU - SCHULPROGRAMM FÜR MILCH, OBST UND GEMÜSE

Woher kommt die Schulmilch?

Die Schulmilch kommt in Österreich von 51 Schulmilchbauern, die Kühe halten um Milch zu erzeugen. Schulmilch wird in Österreich durch das EU-Schulprogramm finanziell gefördert.

Was fressen die Kühe?

Die Kühe erhalten nur gentechnikfreie Futtermittel. Hauptsächlich fressen sie nur das, was in der Umgebung der Bauernhöfe auf den Wiesen und Äckern wächst. Futter und Wasser stehen den Tieren Tag und Nacht jederzeit zur freien Entnahme zur Verfügung.

Wie wird die Milch gewonnen?

Die Kühe werden zweimal täglich mit einer Melkmaschine gemolken. Vereinzelt kommen auch automatische Melksysteme zum Einsatz.

Wie wird die Milch verarbeitet?

Die Milch wird anschließend in der Hofmolkerei direkt am Betricb verarbeitet. Alle Schulmilchbetriebe halten höchste Hygienestandards ein und werden auch kontrolliert. Alle Schulmilchprodukte sind pasteurisiert. Bei Milchprodukten mit Kakao, Vanille oder Früchten ist der Zuckerzusatz streng geregelt. Dieser darf heuer maximal 4,5 Prozent betragen, ab dem Schuljahr 2022/2023 sogar nur maximal 3,5 Prozent.

Wie kommt die Schulmilch in die Schule?

Aufgrund von Bestellungen der Schülerinnen und Schüler werden die Schulmilchprodukte direkt in die Schule geliefert und dort verteilt. Immer mehr Schulen bieten auch Automaten mit Schulmilchprodukten an. Diese Frische und Regionalität können nur Schulmilchprodukte bieten.

Wie kann mein Kind am EU-Schulprogramm teilnehmen?

Unter www.ama.at finden Sie alle Details. Die regionalen Schulmilchbauern bieten im Einverständnis mit der Schule gerne auch Verkostungen und Exkursionen an.

www.ama.at/Fachliche-Informationen/Schulprogramm

Wienflussweg
Wientalstraße
Umspannwerk
Wien West
Geschich
Naturerlebnispfad
Eisenbahner-
farm
Gepanzerte
Doppeldecker
Sportliche Pflanzen
Ameisenhotel
Waldvögel
Naturerlebnispfad
Totholzhaufen
Baumpilze
Rohrhaus
Hirschgstemm
Deutschordenswald
Grünauer
Teichwiese

Prilisauer
49
Hütteldorf, Bujattigasse
Linzer Str.
Ferdinand-Wolf-Park
Fußweg
Westbahn
Bauhaus
Bergmillergasse
Steinalt
Naturerlebnispfad
P
Auhofstraße
Hadikgasse
Keißlergasse
Wientalstraße
Nikolaiberg
Nikolaitor
Nikolaikapelle
Himmelhofgasse
U4
S
Hütteldorf
Säulen des Lainzer Tiergartens
Nikolaiwiese
Wunderwesen Baum
Waldorf-schule
Specht
Mit Schwimmhäuten

TOUR 7

Belebend

Baumgartner Wald

START & ANREISE
1140 Wien, Mauerbachstraße 55
Linie 450 (ab Hütteldorf) › Kasgraben
6,2km (1½h) | RW | 150hm

BESONDERHEITEN
Wald der Ewigkeit (Naturbestattung), Kraftplätze, Laudon-Grab

Mein Geist dürstet nach Taten, mein Atem nach Freiheit.
Friedrich Schiller

Der Beginn unseres Weges führt sanft bergauf und wird, als wäre es die Entschädigung für diese minimale Anstrengung, mit dem Plätschern des kleinen uns begleitenden Baches, der später in den Mauerbach mündet, belohnt. Faszinierend, wie unermüdlich die Vögel hier ihre Lieder singen. Es scheint, als trüge uns ihr Gesang den ganzen Weg entlang. Man muss hier nicht extra nach besonders zauberhaften Plätzen Ausschau halten, denn wir sind fast ständig von ihnen umgeben. Der Stadtwanderweg 8 führt zwar um den Baumgartner Wald herum, ist aber wesentlich frequentierter, als unsere Strecke, die nur am letzten Stückchen des Weges in den Stadtwanderweg mündet. Wir befinden uns im viertgrößten und westlich gelegenen Wiener Bezirk Penzing, der an Niederösterreichs Gemeinden Purkersdorf, Mauerbach und Klosterneuburg grenzt. Mit 80% Waldanteil nimmt er die Poleposition unter den Bezirks-Waldflächen ein und liegt somit ganz weit vorne im Wiener Grünflächenranking.

Die ehemalige Wehrbauernsiedlung wurde um 800 n.Chr. zum Schutz der Überquerungsstellen des Wienflusses gegründet, aber laut historischer Funde am Satzberg und der näheren Umgebung (Quelle: bpww.at) ist davon auszugehen, dass die Gegend schon in der Jungsteinzeit besiedelt war.

Wald der Ewigkeit

Auf unserem Weg entlang einer gut ausgebauten Forststraße kommen wir zum *Wald der Ewigkeit*, einem natürlich gewachsenen Wald aus kleineren Buchen und mächtigen Eichen, in deren Wurzelbereich die biologisch abbaubaren Urnen von Verstorbenen beigesetzt werden können. Es gibt zudem drei Lichtungen mit kleineren Jungbäumchen, sogenannte Freiflächen, die ebenfalls für Naturbestattungen zur Verfügung stehen. Die Asche der Vorausgegangenen wird somit Teil der Natur. Es ist ein wunderschönes Sinnbild für den Kreislauf des Lebens – Stirb und Werde, eingebunden in den Wandel der Jahreszeiten und Symbol für die Ewigkeit. Hier, an einem der Themenbäume, an den Baum der Liebe beispielsweise oder an den Baum der Dankbarkeit gelehnt, ist gut spürbar, warum diese Art der Beisetzung immer beliebter wird. Noch ein Vorteil: Die Grabpflege übernimmt die Natur! An der *Safranwiese* angelangt, lassen wir den Blick über die großzügige Landschaft schweifen, atmen tief durch, gehen weiter Richtung *Dianabrünn*l und *Laudon-Grab*, bevor wir an unseren Ausgangspunkt zurückkehren.

Wusstest Du, dass...

... Bäume atmen? Wälder werden je nach geographischem Vorkommen durch die unterschiedlichsten Gewächse und Pflanzen geprägt, grundsätzlich gilt aber: er besteht aus vielen Bäumen. Mehrere 1.000 Baumarten existieren heute weltweit, sie blicken auf eine 400 Mio. Jahre lange Entwicklungsgeschichte zurück. So unterschiedlich sie aussehen, so ident ist ihr Aufbau – egal ob Nadel- oder Laubbaum, ein Baum besteht aus Wurzeln, Stamm und Krone. Jeder lebende Baum sichert unser Überleben durch die Fotosynthese, einem biochemischen Prozess, bei dem Sauerstoff frei gesetzt wird, den wir zum Atmen und Leben brauchen. Ein bisschen wie ein Fisch im Wasser ist ein Baum im Wald. Ähnlich wie die Kiemen der Fische öffnen und schließen sich feine Spaltöffnungen an der Unterseite seiner Blätter. Der Baum nimmt

dadurch die ihn umgebende Luft in sich auf und entzieht ihr durch den Blattfarbstoff Chlorophyll das Kohlendioxid. Im Blattinneren wird ein fantastischer Vorgang aktiviert: Das durch die Wurzeln des Baumes aufgenommene Wasser reagiert mit dem Kohlendioxid – durch die Einwirkung von Sonnenlicht werden die beiden Stoffe in Zucker (Glukose) umgewandelt, den der Baum als Nahrung und seinerseits zum Überleben benötigt. Glukose ist wasserlöslich und kann in alle Bereiche des Baumes weitertransportiert und von ihm aufgenommen werden. Das Abfallprodukt, das bei dieser Verstoffwechselung entsteht, ist Sauerstoff. Menschen und Tiere atmen Sauerstoff mit der Luft regelmäßig ein und Kohlendioxid wieder aus, was wiederum der Baum für sich nutzt – so beginnt der Kreislauf von vorne.

Atme Dich glücklich

Stell Dir vor, Du könntest die Luft, die Du einatmest, mit positiven Gedanken aufladen. Stell Dir vor, Du atmest Dich gesund, glücklich, erfolgreich, stark, wach, frei und leicht. Stell Dir vor, Deine Atemluft besteht aus Liebe. Stell Dir vor, Deine Atemluft besteht aus Freude. Stell Dir vor, Deine Atemluft besteht aus kraftvoller und heilender Energie, die wie eine Medizin, die Du einatmest, Deine Lungen komplett ausfüllt und sich nach und nach in Deinem ganzen Körper ausbreitet. Spüre, wie sie zu wirken beginnt, indem sie Deine Zellen berührt und sie umarmt und wie sie durch den eingeatmeten Sauerstoff in Deinen Blutkreislauf gelangt und so durch den gesamten Organismus gespült wird. Denk Dir Deine positiven Gedanken als mikroskopisch kleine Bestandteile Deiner Atemluft, atme sie mit Deinem nächsten tiefen Atemzug ein und freue Dich über ihre Wirkung.

Wegbeschreibung

Kasgrabenstraße bergan › nach 1,5km rechts über Brücke › Dianabründl › in einem Rechtsbogen stets bergab bis zum Stadtwanderweg 8 › über diesem zurück zum Startpunkt

Greutberg
Safranwiese
Wald der Ewigkeit
Naturbestattung
Kasgrabenstraße
Mauerbachstraße
Kasgraben
55
P
Hadersdorfer
Bürgerspitalwald
Stadtwanderweg 8
Laudon-
Grab
Mauerbach
Mauerbachstraße
Baumschulen
Mauerbach
Heimito von
Doderer Gedenkstein

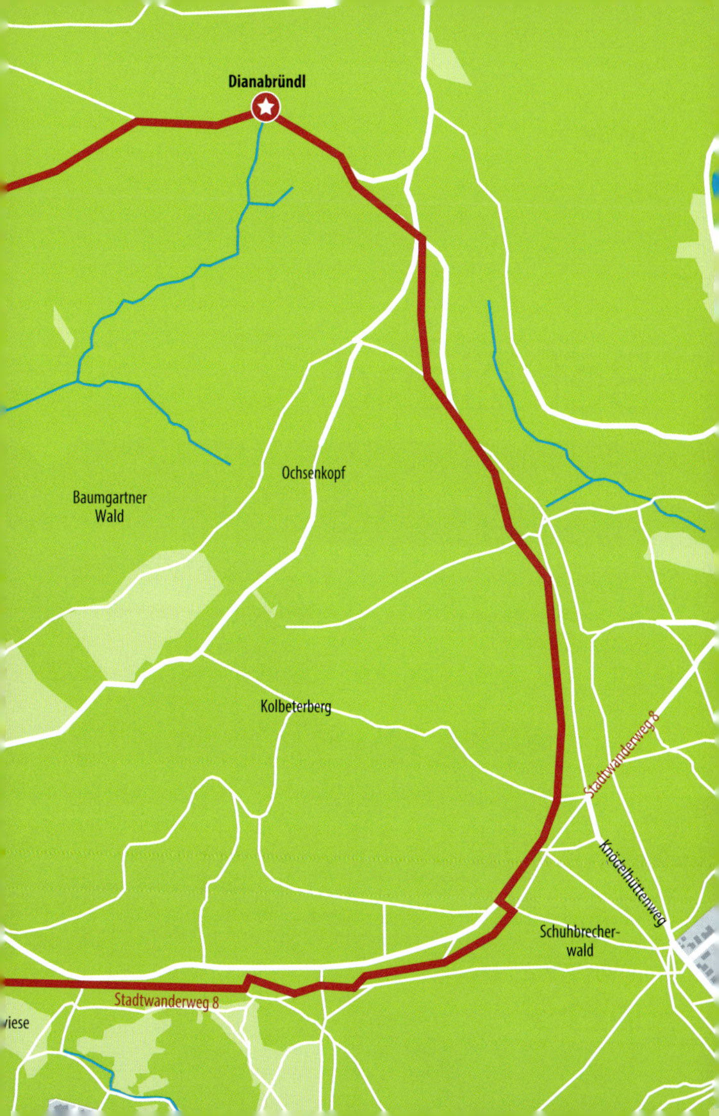
Dianabründl
Ochsenkopf
Baumgartner
Wald
Kolbeterberg
Stadtwanderweg 8
Knödelhüttenweg
Schuhbrecher-
wald
Stadtwanderweg 8
wiese

TOUR 8

Befreiend

Schwarzenbergpark

START & ANREISE
1170 Wien, Exelbergstr. Parkplatz
Linie 445 (ab Hernals) ›
Exelbergstraße/Parkplatz
2,5km (¾h) | RW | 50hm

BESONDERHEITEN
Teich, Kastanienallee, Wald & Wiesen

Ich verstehe nicht, wie man an einem Baum vorübergehen kann, ohne glücklich zu sein.
Fjodor M. Dostojewskij

Von der Exelbergstraße kommend, wandern wir ein kurzes Stück durch den Wald, bevor wir auf die Schwarzenbergallee mit ihren typischen Kastanien- und Lindenbäumen und dem breiten Weg treffen, der wie ein in beide Richtungen fließender, aus der Unbeschwertheit miteinander tratschender und lachender Menschen gewebter Geräuscheteppich, an uns vorüberzieht. Wir passieren den Parapluieteich mit seinen entzückenden Enten – einem kleinen Waldteich, mitten im 80ha großen Schwarzenbergpark, dem Erholungsgebiet im nordwestlichen Teil Wiens. Dieses völlig unterschätzte Areal, einst als englischer Landschaftsgarten angelegt, eignet sich hervorragend, um aus dem Trubel der Stadt in eine Oase der Ruhe und Kraft abzutauchen. Dem Stadtwanderweg 3 folgen wir bis zum *Hameauweg* und biegen nach den beiden großen an Wochenenden oft belebten Wiesen in den ruhigeren Waldbereich des Schwarzenbergparks ein. Danach geht es retour Richtung Marswiese und die Schwarzenbergallee zurück zu unserem Ausgangspunkt.

Bäume sind höfliche Geschöpfe. Sie vermeiden den direkten Kontakt ihres Baumkronendaches mit dem ihrer unmittelbaren Kollegen. Dieses Phänomen wird als Baumkronenschüchternheit oder »Crown Shyness« bezeichnet. Die

Forschungen bringen immer neue Erkenntnisse dazu. Zum Beispiel wird bei Wind die Nachbarkrone vor Kollisionsschäden oder Abschürfungen geschützt und das Wachstum der Äste eingestellt, sobald sich bei Wind die Äste der nebenstehenden Bäume berühren. Buchen und Linden sind viel geselliger. Sie schmiegen sich beinahe aneinander und man könnte meinen, sie kuscheln. Somit scheinen Bäume auch Sympathien und Präferenzen in der »Kontaktaufnahme« zueinander zu haben.

Auf Wiens öffentlichen Flächen wurden etwa 200.000 Bäume gezählt. Die Stadt besteht zu 18% aus Wald. Im Landeshauptstädteranking liegt aber Graz weiter vorne. Obwohl die steirische Stadt nur 22.000 Bäume zählt, besteht sie aus insgesamt 25% Waldfläche. Die positiven Auswirkungen auf das Mikroklima einer Stadt durch Bäume ist erwiesen. Leider sind sie extremen Bedingungen ausgesetzt. Sie leiden häufig unter Trockenheit und Stress. Unter der Krone eines großen Baumes verdunsten im Hochsommer bis zu 1.000 Liter Wasser pro Tag und ebenso kühlt er den Asphalt unter seiner Krone um bis zu 20 Grad ab. Das Neutralisieren von Ozon beherrschen Bäume perfekt und sie tragen dadurch zu einer enormen Verbesserung der Luftqualität bei. Im Hochsommer entfalten sie nicht nur ihre temperaturreduzierende Wirkung, sondern binden auch den Feinstaub auf der Blattoberfläche, fungieren als Schadstofffilter und wirken als Lärmdämpfer. Seit 1985 werden die Bäume im Straßenraum und in städtischen Anlagen erfasst. Dieser Baumkataster ist seit 2003 online verfügbar. Durch das Aktivieren des Buttons »Bäume und Grünflächen in Wien« unter *www.wien.gv.at/umweltgut/public* sind die Kerndaten wie Art, Alter, Größe und Kronendurchmesser zu jedem Baum jederzeit abrufbar. Ihr Gesundheitszustand wird von etwa 100 Baumkontrolleuren, die täglich unterwegs sind, geprüft und durch ein kluges Baummanagement aufrecht erhalten.

Wusstest Du, dass...

... der Weltenbaum *Yggdrasil* die kosmische Ordnung und die Schöpfung als Ganzes abbildet? Er stellt in der altnordischen Mythologie eine Verknüpfung zwischen Himmel, Erde und Unterwelt dar, bildet sozusagen eine Weltachse »*axis mundi*«, symbolisiert das Leben und den Tod, verbindet die Welt und die 9 Welten durch die verschiedenen Ebenen miteinander. *Yggdrasil* wird als immergrüne (Symbol der Unsterblichkeit), riesenhafte Esche dargestellt. Sie war ein wichtiger Symbolträger für die Initiationsriten und Visionssuche bei nordgermanischen Schamanen. Odin, der einäugige göttliche Reiter und Göttervater in den skandinavischen Götter- und Heldensagen beispielsweise hängte 9 Nächte umgekehrt am Baum, um zu Erkenntnis und Weisheit zu gelangen. In ähnlicher Bedeutung ist diese Darstellung auch auf der Tarotkarte der großen Arkana *Der Gehängte* abgebildet. Viele alte Kulturen und Religionen verehrten Bäume und Haine als Sitz von Göttern oder übernatürlichen Wesen. Jede Kultur bringt unterschiedliche Baumarten mit dem Baum des Lebens in Verbindung: der kabbalistische Lebensbaum *Ez Chajim* in der hebräischen Mythologie, der *Bodhibaum* (Pappel-Feige) als Symbol des Erwachens im Buddhismus und der *Asvattha* (Feige) – der Lebensbaum in der indischen Tradition. Auch im Alten Ägypten gab es Darstellungen eines heiligen Baumes – der sogenannte *Isched-Baum*, der den Sonnengott Re mit dem Horizont verbindet.

Wie ein Blatt im Wind

Such Dir einen Platz, der Dir gefällt und mach es Dir gemütlich. Schau Dich um und beobachte den Tanz der Blätter auf den Bäumen. Lege Deine Handflächen sanft auf den Blätterteppich des Waldbodens. Nimm die Feuchtigkeit und Kühle wahr und ein Blatt in Deine Hand. Lass es sanft aus Deiner Hand gleiten und sieh zu, wie es auf dem Boden landet. Werde langsam, werde ruhig. Schließe die Augen, stell Dir vor, Du wärst selbst ein Blatt im Wind. Ein kräftiger Windstoß kommt und lässt Dich tanzen – trägt Dich fort, trägt Dich hierhin und dorthin, lässt Dich gleiten. Du kannst mit Deiner Vorstellungskraft experimentieren und nachempfinden, mit welcher Leichtigkeit das Schweben des Blattes verbunden ist. Lass Deinen Gedanken freien Lauf. Halte nichts fest, lass es gleiten, schweben, ziehen – schwere- und zeitlos. Im Liegen ist diese Erfahrung noch intensiver als sitzend.

Wegbeschreibung

Parkplatz Exelbergstraße (Höhe Manameierei) › Exelbergstraße überqueren › über Waldpfad zur Schwarzenbergallee › links eintreten › am Parapluiteich rechts vorbei (Stadtwanderweg 3) › am Hameauweg rechts in den Wald (Stadtwanderweg verlassen) › über kleine Pfade Richtung Osten › kurz vor der Höhenstraße rechts › Schwarzenbergallee › zurück zum Parkplatz bzw. Bustation an der Exelbergstraße

Grünbergwiese
Stadtwanderweg 3
Mittereck Wiese
Parapluiteich
P
Exelbergstraße
Forsthaus
Lange Wiese
Manameierei
445
Exelbergstraße Parkplatz
P
Schwarzenbergallee, Stadtwanderweg 3
Exelbergstraße
Kreuzbühelwiese

Hameauweg
Tiefauwiese
Paulawiese
Lacy-Grabmal
Hameauweg
Artariastraße
43A 43B
Schwarzenbergallee
Schwanenteiche
Imbiss Zur Allee
Höhenstraße
Marswiese
43A 43B 445

Inspirierend

Kierlinger Forst

START & ANREISE
3400 Klosterneuburg, Am Campus 1
Linie 400 (ab Heiligenstadt) ›
Maria Gugging IST Austria
5,5km (2h) | RW | 170hm

BESONDERHEITEN
Redlingerhütte, Bach, Spierlkreuz

In den Wald gehe ich, um meinen Verstand zu verlieren und meine Seele zu finden.
John Muir

Wir starten am Campusgelände in Maria Gugging, einem Ortsteil von Klosterneuburg, gehen am Haupthaus der ehemaligen »Irrenanstaltsfiliale Gugging-Kierling« und heutigem Institut of Science+Technology (IST) vorbei. In Begleitung vom sanften Plätschern des Marbachs machen wir uns auf den Weg. Wir folgen zuerst der Asphaltstraße (Lenaugasse) und anschließend dem *Redlingerhüttenweg* zur gleichnamigen Einkehrmöglichkeit und tauchen in die Natur ein.

Jeder Wald kann sich binnen einiger weniger Meter vom Urwald in einen Laub- oder Nadelwald oder umgekehrt in eine dicht bewachsene Wildnis verwandeln. Natürlich wissen wir, dass es viele verschiedene Arten von Wäldern gibt, aber diese Verwandlung, die oft auf kleinstem Raum stattfindet, wird uns erst Schritt für Schritt bewusst oder der Wald überrascht uns ganz plötzlich mit seinem Spektrum an Möglichkeiten. Auch die Beschaffenheit der Waldböden ist unterschiedlich. Manchmal sind sie feucht mit viel Moos bedeckt oder der Boden ist mit Wurzeln durchzogen, manchmal ist der Untergrund braun und trocken. Es gibt Wälder mit undurchdringlichem Strauch- und Buschwerk und andere mit weichen Gräsern. Vielfalt und Einzigartigkeit – jeder Wald ist ein eigener Mikrokosmos mit seiner mannigfaltigen

Spierlkreuz

Pflanzen- und Tierwelt. Nach der Redlingerhütte erreichen wir einen bezaubernden Rastplatz am Spierlkreuz mit zwei Bankerl, auf denen wir eine kurze Pause einlegen können. Wenn Du, so wie wir, in den frühen Morgenstunden hier unterwegs bist, merkst Du sicher die besonders intensiven Farben der Landschaft, die Dich umgibt. Lass sie auf Dich wirken! Die Morgensonne hat ihr schönstes Licht für uns gezaubert und uns damit in ihren Bann gezogen. »*Komorebi*« – so sagen die Japaner dazu. Es bedeutet: Sonnenlicht, das durch die Blätter gefiltert wird. Insbesondere die sichtbaren Lichtstrahlen sind damit gemeint. *Ko* bedeutet: Baum, *More* bedeutet: etwas Durchscheinendes. *More* leitet sich vom japanischen Verb *moreru* ab. *Bi* bedeutet: Sonne oder Sonnenlicht.

Wusstest Du, dass...

... die Sonne Luftküsse versendet? Der kosmische Sonnenwind nämlich, den die Sonne aussendet, besteht aus energiegeladenen Teilchen (Protonen, Elektronen und Helium), die, wenn sie auf die Magnetfeldlinie der Erde treffen und sich dabei mit den erdeigenen Atomen verbinden, als bunte Polarlichter sichtbar sind. Dies ist beeindruckend und stellt nur eines von vielen Phänomenen aus dem Portfolio der Sonnenkraft dar. Wovon wir aber direkt profitieren, ist die Tatsache, dass unter Einwirkung von Sonnenlicht, Cholesterol, das sich in der Haut befindet, in Vitamin D umgewandelt wird. Um genug Sonne zu tanken, reicht ein Aufenthalt von etwa 15 Minuten am Tag. Dieses wichtige »Lichthormon« sorgt für einen gesunden Knochenaufbau und ein stabiles Immunsystem. Außerdem begünstigt Sonnenlicht die Konzentrationsfähigkeit und ist für einen ausgewogenen Schlaf-Wach-Rhythmus essenziell.

Barfuß gehen

Zwischendurch kannst Du immer wieder ein Stückchen des Weges barfuß gehen. Auch das reduziert die Körper-

temperatur und schult den Gleichgewichtssinn, wodurch gut unangenehme Spannungen abgebaut werden können. Innerer Halt und Stabilität im Hier und Jetzt sind Dein Bonus – Erdung inklusive. Also raus aus Schuhen und Socken und hinein in die Natur! Erde, Sand, Steine, Gras, Moos. Du stehst drauf! Nass und kalt, weich und hart. Steh fest verwurzelt wie ein Baum mit beiden Beinen auf dem Waldboden und erkunde die Welt um Dich herum, während Du über Deine Fußsohlen den Untergrund wahrnimmst. Fühle! Fokussiere Deine Aufmerksamkeit, verlängere in Gedanken die Wurzeln der Bäume und verbinde sie mit Deinen Fußsohlen. Weite Dich aus. Werde länger, größer, verbundener und ziehe Stärke aus dem Boden auf dem Du stehst und der kraftvollen Energie, die Dich umgibt. Im Wald ohne Schuhe zu gehen, gibt Dir nicht nur ein herrliches Gefühl von Freiheit, es stärkt auch das Immunsystem und wird ganz unesoterisch sogar von Orthopäden bei Fußfehlstellungen, Rücken-, Knie- und Hüftproblemen empfohlen. Wenn Du es weniger »hardcore« und nicht unbedingt »hautnah« haben möchtest, versuche es mit Barfuß-Schuhen oder Barfuß-Socken.

Wegbeschreibung

Straße »Am Campus« bergan › Wegweiser Redlinger Hütte folgen › Redlinger Hütte › am kleinen Teich rechts › beim Spierlkreuz links bergan › kurz vor der Holzgasse links › erneut zur Redlinger Hütte › über Hinweg zurück zum Campus

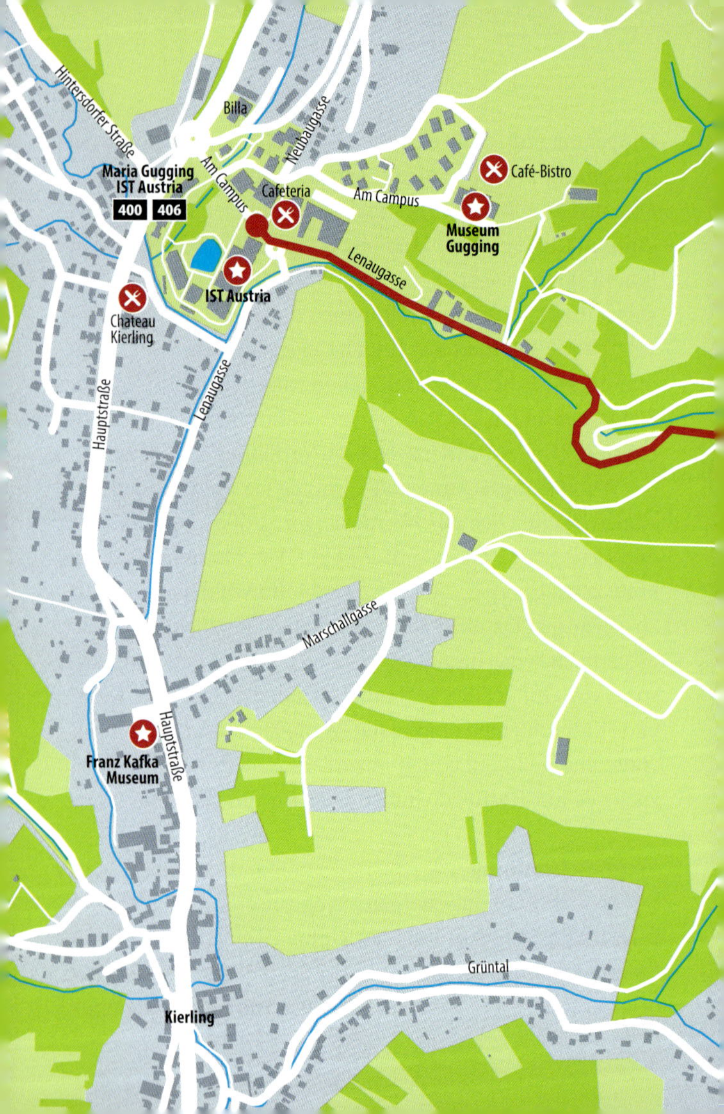

Hintersdorfer Straße
Billa
Neubaugasse
Maria Gugging
IST Austria
400
406
Am Campus
Cafeteria
Am Campus
Café-Bistro
Museum
Gugging
Lenaugasse
IST Austria
Chateau
Kierling
Lenaugasse
Hauptstraße
Marschallgasse
Franz Kafka
Museum
Hauptstraße
Grüntal
Kierling

Steinbruch
Redlingerhüttenw.
Redlingerhütte
Spierlkreuz
Acker
Alte Deponie
Holzgasse
REHA-Zentrum Weißer Hof

IN WALD UND FLUR
Der leichtgewichtige Begleiter aus 100 % Bio-Baumwolle ist als Bade-Hand-Sauna-Wickel-Liege-Yoga-Picknick-Halstuch immer dabei.
In 33 Farben und zwei Größen erhältlich. www.lestoff.eu.
LeStoff
...the smarter towel
LeStoff
GLOBAL ORGANIC TEXTILE STANDARD
GOTS

Bereichernd

Dunkelsteiner Wald

START & ANREISE
3508 Paudorf, Bahnhof
REX44, R44 (ab St. Pölten) › Paudorf
5,3km (1h) | RW | 220hm

BESONDERHEITEN
Mammutbäume, Arboretum, Lehrpfad, Stift Göttweig in der Nähe

Ein ganzes Leben reicht nicht aus, das Wesen der Bäume zu ergründen. Macht euch mit Bäumen vertraut, mit ihrer Natur, ihrem Wachstum, ihrer Bewegung. Begreift sie als lebendige Wesen mit Kümmernissen und Sehnsüchten, die den unseren nicht einmal so unähnlich sind.

John F. Carlson

Der Weg durch den *Dunkelsteiner Wald* hinauf zu den Mammutbäumen zählt mit seiner hübschen Waldkulisse und seinem herrlichen Panorama mit Ausblick auf das Stift Göttweig zu einem besonderen Waldbaden-Schmankerl, das wir euch nicht vorenthalten möchten. Wir wandern stetig bergauf und entlang von gut begehbaren und ausreichend beschilderten Forst- und Waldwegen. Inmitten des heimischen Mischwaldes finden wir am Plateau des Eichbergs auf 380m Höhe, südöstlich von Paudorf, neben einigen

Arten kalifornischer Mammutbäume, die uns neugierig gemacht haben und weshalb wir hierhergekommen sind, einen Baumgarten aus 50 seltenen Baumarten aus Europa, Asien und Übersee. Sie alle sind mit Schildern versehen und laden dazu ein, eine kleine Erkundungstour zu veranstalten. Das Plateau selbst eignet sich bestens zum Innehalten, zum Durchatmen, zum Sitzen oder einfach nur, um im Beisein dieser kolossalen Giganten über ihre mächtige Ausstrahlung zu staunen. Hier oben befindet sich der größte und einmalige Bestand an Mammutbäumen in Österreich.

Als der im Stift Göttweig ansässige Abt Adalbert Dungl 1880 eine Handvoll kleiner Samen der Sorte *Wellingtonia gigantea* in die Erde setzte, rechnete er vermutlich nicht damit, dass sein Plan aufgehen und die Mammutbäume aus den Samen von damals 140 Jahre später immer noch in voller Pracht bestehen würden. Es ist aber alles andere als einfach, mal schnell einen Mammutbaum zu pflanzen, denn die Samen dieser Baumgiganten benötigen besondere klimatische Bedingungen. Im Jahre 1929 wurden etwa 30 Exemplare im Göttweiger Wald gezählt, doch dann ließ extremer Frost die Hälfte davon erfrieren. Ein weiteres Exemplar fiel einem starken Sturm zum Opfer. So befinden sich auf dem Plateau aktuell 14 Mammutbäume, deren Kronen hoch über die Baumwipfel der umliegenden Wälder emporragen. Die nordamerikanischen Vertreter sind die ältesten und höchsten der Welt. In einem Waldgebiet nördlich von San Francisco stehen eindrucksvolle Redwood-Bäume mit 110m Höhe. Es gibt Exemplare, deren Alter anhand ihrer Jahresringe auf über 2000 Jahre geschätzt wurde. Grund für ihre Widerstandsfähigkeit und ihr oftmals außergewöhnlich hohes Alter, ist die circa 70cm dicke, feuerfeste und mit viel Gerbsäure angereicherte Rinde, die sie vor Waldbränden und auch vor Termiten und Ungeziefer schützt. Interessant ist das flache Wurzelwerk der Giganten: Es ragt kaum über 2m tief in die Erde. Mammutbäume wachsen gerne in Gesellschaft, auch um sich vor Entwurzelung zu schützen.

Wusstest Du, dass...

... es in Island eine Trollbeauftragte gibt? Eigentlich ist Erla Stefánsdóttir Elfenbeauftragte, aber sie fühlt sich auch für Trolle und andere Naturgeister verantwortlich. Es gibt in Island die »Karte der verborgenen Welt«, in die Feenpaläste und Gnomtunnel eingezeichnet sind. Schade, dass es so etwas nicht für unsere Wälder und die darin lebenden Naturgeister gibt. In vielen Kulturen glaubt man, dass Bäume und Pflanzen von Baumgeistern beseelt werden oder aber, da sie sesshafte Wesen sind, sich je nach Qualität des jewei-

ligen Baumes in seiner Nähe niederlassen und er ihnen als Wohnstätte dient. Bei den Griechen und Römern glaubte man, dass weibliche Geister namens *Dryad* oder *Meliae* in Bäumen wohnten, in Schottland hilft der Baumgeist *Ghillie Dhu* Kindern, die sich im Wald verlaufen haben, in der indischen Mythologie sind sie engelhafte Gestalten, die für eine gewisse Zeit wieder in die Welt gekommen sind und in Japan verehrt man seit Menschengedenken Baumgeister, der berühmteste scheint *Kodama* zu sein. Die Darstellungen sind vielfältig. Sie werden als alte Frauen und Männer, neben Bäumen stehend dargestellt. Im Film *Prinzessin Mononoke* sind sie farblose Kreaturen mit großen wackelnden Köpfen oder aber nehmen Form und Gestalt des Baumes selbst an. Im Roman *Andy Mo, ein Erdgeist verzaubert die Welt* (erschienen im Ibera Verlag, ISBN 978-3850522-53-3), erzählt der Hermetiker Emil Stejnar vom jungen Erdgeist *Andy Mo*, der sich in die geheimnisvolle Welt der Menschen wagt, um dort seinen verschollenen Vater, den Gnomenkönig Andimo zu suchen. Das Geheimnis der »Formel des Nichts« wird erstmals offen gelegt. Mit diesen überraschenden neuen Erkenntnissen über die Macht des Geistes wird das Fundament für die Magie und Mystik des dritten Jahrtausend gelegt. Damit bricht ein neues Zeitalter für die Menschheit an. Das Buch soll Kinder, Jugendliche und Erwachsene in die geheimnisvolle Welt der Geister und der Macht des menschlichen Geistes einführen.

Nimm Kontakt auf

Verbinde Dich mit den Wesen im Wald und seinen Baumgeistern. Lehne Dich an einen Baum Deiner Wahl, berühre ihn mit Deinen Händen, fühle seine Rinde und versuche Dir vorzustellen, es wohne ein freundlichen Erdgeist darin. Nun sprich in Gedanken zu ihm. Begrüße ihn herzlich und wohlwollend, erzähl ihm von Dir. Vielleicht möchte Dir dieser Genius bei »erdigen« Dingen behilflich sein. Lass Dir Zeit und nimm Kontakt auf mit der Energie, die den Baum und seine unsichtbaren Bewohner umgibt.

Finde Deinen persönlichen Lebensbaum ab Seite 114. Hier bekommst Du Hinweise darauf, welche Eigenschaften den verschiedenen Bäumen nach keltischen Überlieferungen zugeordnet sind. Im Baumkataster der Stadt Wien findest Du die genauen Standorte der jeweiligen Baumarten. Geselle Dich zu ihnen und tanke die Kraft, die sie umgibt.

Wegbeschreibung

Paudorf Bahnhof › in nördlicher Richtung entlang der Gleise zum Bruckweg › links eintreten › bergan zur Orientierungskarte › dem Lehrpfad folgen (Jahresring-Kalender, Hohlweg, Waldwirtschaft, Baumkrone, Heizen mit Holz, Mammutbäume) › Albertrast › geradeaus weiter und beim Abstieg rechts halten › Station Jahresring-Kalender › über Hinweg zurück zum Bahnhof

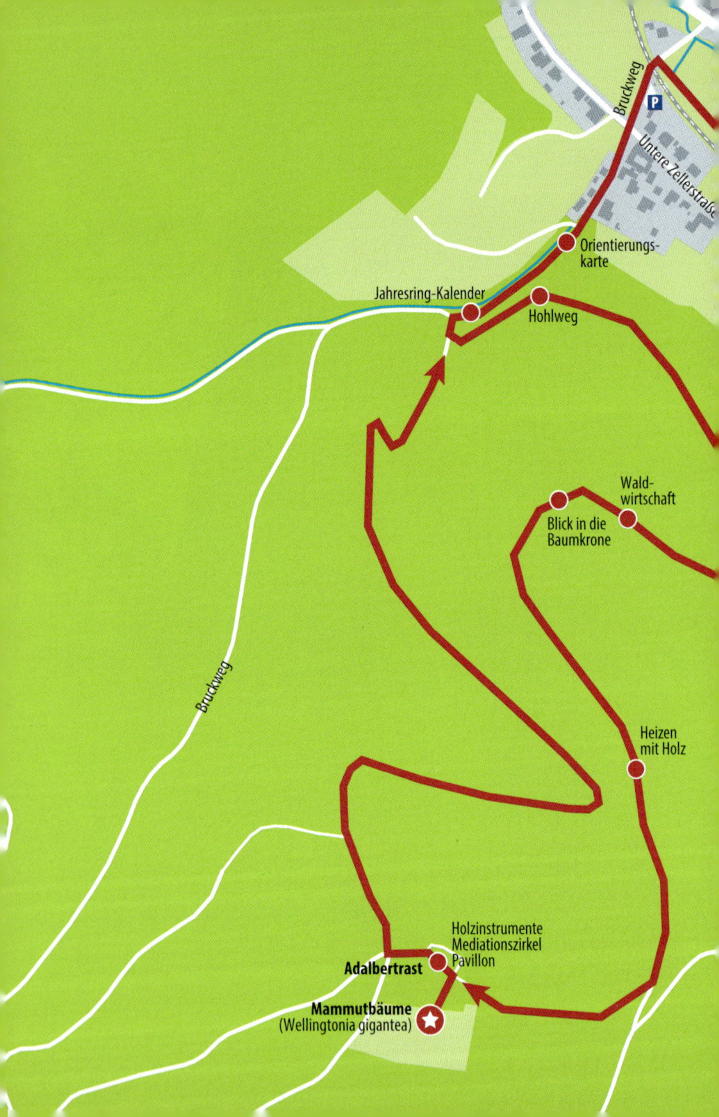
Bruckweg
P
Untere Zellerstraße
Orientierungs-
karte
Jahresring-Kalender
Hohlweg
Wald-
wirtschaft
Blick in die
Baumkrone
Bruckweg
Heizen
mit Holz
Holzinstrumente
Mediationszirkel
Pavillon
Adalbertrast
Mammutbäume
(Wellingtonia gigantea)

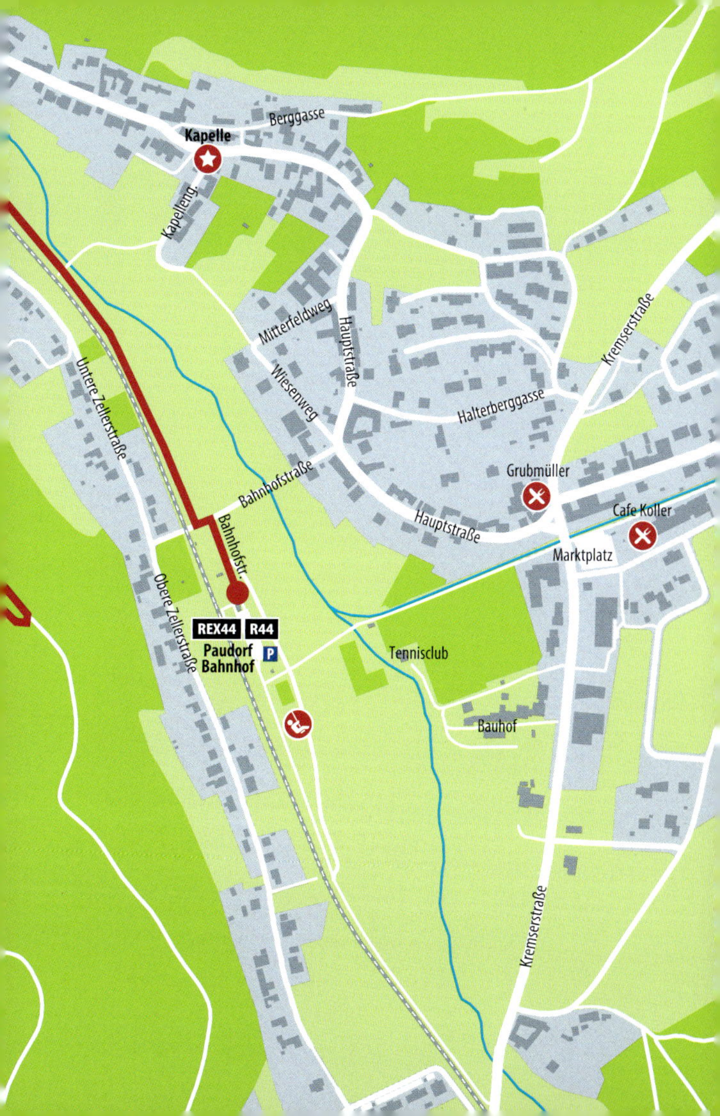

Berggasse
Kapelle
Kapelleng.
Mitterfeldweg
Hauptstraße
Kremserstraße
Wiesenweg
Halterberggasse
Untere Zellerstraße
Bahnhofstraße
Grubmüller
Cafe Koller
Hauptstraße
Bahnhofstr.
Marktplatz
REX44
R44
Paudorf Bahnhof
P
Tennisclub
Obere Zellerstraße
Bauhof
Kremserstraße

Energetische Arten

Lebensbäume

Wenn wir uns in die Nähe von Bäumen begeben, spüren wir ihre Ausstrahlung, eine Energie, von der wir im positiven Sinne profitieren. Auch wenn die Kelten keine eigentlichen kalendarischen Berechnungen kannten, weil es ihnen aus lebenserhaltenden Gründen mehr um eine scharfe Beobachtung der Natur im Jahresverlauf als um das bloße Festmachen von Zeit in fixe Abschnitte ging, dient uns der viel später als leicht verständliches und unterhaltsames Publikumskonzept entwickelte »Keltische Baumkalender« als Orientierung, um uns bewusst auf diese *Baumenergien* einzustimmen und mit ihnen zu korrespondieren. 22 Baumarten können ähnlich einem Horoskopsystem, wie es in allen Kulturen dieser Welt zu finden ist, Archetypen zugeordnet werden. Bäume sind Lebewesen, mächtige Symbolträger. Einst den Göttern geweiht, dienen sie der kosmischen Darstellung des Lebens und gelten als Verbindung zwischen dem irdischen Leben und der geistig-spirituellen Welt. Sie spiegeln durch ihren Lebens- und Wachstumszyklus Charaktereigenschaften wider, die den unseren ähnlich sind – doch lass sie selbst erzählen...

TANNE | Abies
2. bis 11. Jänner, 5. bis 14. Juli
Standort: 1130 Wien, Lainzer Tiergarten, Hermesvilla (Nordmanntanne)
Charakter: Kühl, distanziert, ehrgeizig, ehrlich, untäuschbar, kompetent, nachhaltig

Ich bin ein immergrüner Nadelbaum und genauso zielstrebig, wie meine Zapfen senkrecht nach oben gewachsen sind, so verlässlich, eigenständig und fleißig richtest Du Dich nach

Deinen Zielen aus. Meine Wurzeln reichen tief in die Erde, sie geben mir Halt und Sicherheit und auch Du liebst es, nachhaltig und im Sinne der rechten Ordnung zu agieren. Nichts kann Dich täuschen oder blenden, keine Schwärmerei, kein Kompliment beeindrucken Dein Gemüt. Und auch wenn Dir so wie mir oft vorgeworfen wird, kühl und distanziert zu sein, hat das durchaus Vorteile. Aus der Distanz heraus in Ruhe die Dinge auf Dich wirken zu lassen und erst mit dem nötigen Weitblick wichtige Entscheidungen mit allen Konsequenzen zu treffen und dazu zu stehen, das ist Deine Expertise. Du bist autark. Ich weiß es, denn ich bin es auch. Wir sind der Fels in der Brandung und dabei am liebsten auf niemanden sonst angewiesen. Mit aller Gründlichkeit, Schritt für Schritt, Stein auf Stein – die Zeit arbeitet für uns. Geduld und Ausdauer sind unsere Tugenden. Du wirst als treuer und verlässlicher Freund geschätzt, erhellst dadurch so wie ich jedes Jahr zu Weihnachten, der dunkelsten Zeit des Jahres, die Herzen Deiner Liebsten. Wer Dir Verantwortung überträgt, wird sich glücklich schätzen, denn sie liegt bei Dir in guten Händen. So stolz und selbstbewusst, wie sich meine Baumkrone himmelwärts in die Freiheit erhebt, so gerne triffst Du Deine eigenen Entscheidungen. Unromantisch hin oder her – Deine Qualitäten sind geschätzte Skills in diesen unruhigen Zeiten. Lehn Dich an mich, hier findest Du Sicherheit und Vertrauen. Mit mir wirst Du Deine Ziele problemlos erreichen!

ULME | Ulmus
12. bis 24. Jänner, 15. bis 25. Juli
Standort: 1070 Wien, Burggasse 26 (Feldulme)
Charakter: heiter, tolerant, zuversichtlich,
geistig rege, vielseitig, sozial

Ich bin eine Frohnatur. Wer unter mir steht, kann sich im leuchtenden Grün meiner Blätter sonnen und wunderbar heitere Lebenslust tanken. Obwohl ich mir meiner Feinde sehr

wohl bewusst bin – der Schlauchpilz, dieser Fiesling beispielsweise, macht mich krank. Ich habe im Laufe der Jahrhunderte gelernt, widerstandsfähiger zu werden. Resilient nennt man das bei euch Menschen. Du bist, wie ich also, ein Optimist und siehst das Gute in allem, erholst Dich schnell von Niederlagen und erkennst, was und wer Dir gut tut und wer nicht. Nichts desto trotz bist Du wie ich gerne in Gesellschaft und magst den Austausch, der untereinander stattfinden kann. Ehrlichkeit ist Dir wichtig und Geradlinigkeit auch. Deine Ideen und Anregungen verbreiten sich wie meine Früchte im Wind. Diese Früchte sehen aus wie dünne Blättchen, in denen der Samen eingeschlossen ist. Er ist unterschiedlich positioniert, wodurch sich die Ulmenarten am besten voneinander unterscheiden lassen. Wir sind Diversity!

Ich bin wie Du eine IndividualistIn mit großen Plänen – hoch hinaus ist mein Ziel, ohne mich zu verzetteln. Eine rundliche Krone, ein stattlicher Stamm, oder auch anders. Ich mache, was ich will – am liebsten gemeinsam mit anderen. Für Freunde bin ich gerne da, ich bin hilfsbereit und teamorientiert und auch anderen Meinungen gegenüber aufgeschlossen. Mit meinem Charme und Deinem ausgeprägten Sinn für Humor sind wir immer gern gesehene Gäste. Willst Du Leichtigkeit und Frohsinn, lehne Dich an mich und summe ein Liedchen. Denn Du weißt ja: Froh zu sein bedarf es wenig, denn wer froh ist, ist ein König.

ZYPRESSE | Cupressus
25. Jänner bis 3. Februar, 26. Juli bis 4. August
Standort: 1180 Wien, Pötzleinsdorfer Schlosspark (Sumpfzypresse)
Charakter: zielstrebig, aktiv, unerschütterlich, vielfältig, individuell, loyal, anziehend, lebenshungrig

Wie eine Rakete strebe ich in meinem unerschütterlichen Lebenshunger in die höchsten Höhen. Mit mir und Dir wird es nie langweilig. Du bist der Typ zum Pferdestehlen,

kommst immer auf neue Ideen und fürchtest kein Abenteuer. In der Liebe bist Du stürmisch und leidenschaftlich und bestimmt auch herausfordernd. Durch Deine energiegeladene und aktive Lebensführung wirkst Du sehr anziehend auf Deine Mitmenschen und kannst auch positiv auf sie einwirken. Du bist überaus sprunghaft, vielleicht auch manches mal widerspenstig. Wenn ich Dein Lebensbaum bin, liebst Du Deine Arbeit und stellst Dich gerne auch schwierigen Herausforderungen. Dir geht es um die Sache, um die Idee, um das Vorankommen neuer Entwicklungen und immer auch um Wissenschaft und Forschung. Du bist ein aufgeschlossener, vielseitig interessierter Charakter und siehst gerne auch mal über den Tellerrand. Stell Dir vor, früher hat man mich als »Baum der Unsterblichkeit« bezeichnet und auch Dich hält gerade diese außergewöhnlich frische und lebendige Lebensart jung und elastisch. Du bist wie ich freiheitsliebend, aber nicht gerne einsam, und in der Partnerschaft loyal und treu. Du bist einer jener Menschen, die es hassen, mit dem Strom zu schwimmen. Anders sein, gern auch manchmal verrückt und unersättlich – aber nie bedeutungslos oder einfältig. Wenn Dir Esprit und der gewisse »Pfeffer« im Leben abhandengekommen sind oder Du »feststeckst«, komm in meine Nähe, ich gebe Dir etwas von meiner Dynamik und die Inspiration zur Lösung der Knoten. Du wirst sehen, bald entwickelt sich Neues und alles läuft wieder wie am Schnürchen.

PAPPEL | Populus
4. bis 8. Februar, 1. bis 5. Mai, 5. bis 13. August
Standort: 1150 Wien, Märzpark (mehrere Pyramidenpappeln)
Charakter: sensibel, verständnisvoll, beweglich, nachgiebig, aufgeschlossen, gefühlsbetont

Ich fühle, also bin ich. Am liebsten wachse ich in Aulandschaften und am Ufer fließender Gewässer. Das Element Wasser kommt mir sehr nahe und auch Du kannst mit Deinem

guten Gespür gut nachempfinden, wie es den Menschen in Deiner Nähe geht. Das macht Dich verständnisvoll und man ist gut beraten, sich mit seinen Sorgen und Ängsten an Dich zu wenden. Du bist fast ständig in Bewegung, mal reist Du hierhin, mal dorthin. Du bist nicht nur geistig sondern auch körperlich überaus wendig und aktiv. Deine Auffassungsgabe ist schnell und Du kannst Lerninhalte besonders leicht verstehen und sie gut abspeichern. Stillstand ist Dir fremd und ein absolutes Gräuel. Manchmal fällt es Dir schwer, Entscheidungen zu treffen, denn es gibt ja so viele Möglichkeiten. Besonders hervorzuheben ist Deine Eigenschaft als treuer und zuverlässiger Weggefährte. Davon profitieren viele, denn genau so weitläufig wie mein Wurzelwerk sich auszubreiten vermag, so gut funktioniert Dein soziales Netzwerk. Wie durch mein schnelles Wachstum meine Rinde schon früh zur Papierherstellung verarbeitet wurde, gilt für Dich ein ständiger und reger Austausch mit anderen als äußerst bereichernd. Du begegnest der Außenwelt mit Vernunft und Intuition und gehst flexibel auf die Bedürfnisse anderer ein. Du faszinierst durch Deinen Enthusiasmus und den bewundernswerten Lösungsstrategien, die Du entwickelst. Meinen ArtgenossInnen, der Zitterpappel und der Espe mit ihren ständig bewegten Blättern, wird zwar oft Nervosität und Dünnhäutigkeit vorgeworfen, aber das halte ich persönlich für ein Gerücht. Begib Dich in meine Nähe, wenn Du Dir Wachstum und Bewegung in Deinem Leben wünschst.

ZEDER | Cedrus
9. bis 18. Februar, 14. bis 23. August
Standort: Possingergasse 7, 1150 Wien (Atlaszeder)
Charakter: wachsam, führend, erhaben, selbstsicher, selbstbewusst, mutig, verlässlich

Ich bin ein immergrüner Baum mit breiter Krone und wachse und räkle mich in beachtlicher Größe dem Sonnenlicht entgegen. So wie Du, wenn Du gerne im Mittelpunkt stehst,

Dich präsentierst und selbstbewusst den Herausforderungen des Lebens entgegentrittst. Unbeeinflussbar und mutig tust Du, was getan werden muss und stehst dafür auch immer grade. Du bist der Chef im Getriebe Deines Universums, auf Dich ist zu 100% Verlass. So wie Dir wird auch mir Eigenwilligkeit vorgeworfen, aber dieser Charakterzug ist unbedingt nötig. Denn wer, wenn nicht wir, würde die Dinge vorantreiben, auf die uns eigene Art und Weise, zum Nutzen aller. Du bist ausdauernd – bei allem, was Du tust. Wie eine Dampflok – einmal in Gang gesetzt, fährt sie bis ans Ende der Strecke, ohne zu pausieren. Mein Holz wurde schon von Phöniziern und Ägyptern für den Bau von Tempeln und Schiffen verwendet und genauso bedeutungsvoll obliegt Dir als Zedern-Typ oftmals eine Aufgabe, die Du aber mit Bravour meisterst. Dich bringt nichts aus der Ruhe, Dich wirft nichts aus der Bahn. Auch mit schlimmsten Rückschlägen weißt Du königlich umzugehen. Du wirst aber manchmal ungeduldig, wenn Du merkst, dass etwas aus bloßer Faulheit oder Bequemlichkeit nicht erledigt wurde. Es ist dann Dein angeborenes Verantwortungsgefühl, dass Dich in Rage bringt. Ob Dich Zedernöl beruhigen könnte? In jedem Fall verströmt es einen unvergleichlich intensiven Duft. Man entdeckte Karaffen davon beim Öffnen ägyptischer Grabkammern und wunderte sich sehr über die anhaltende Konservierung des Geruchs. Mein Tipp für Dich: Begib Dich in meine Nähe und tanke Selbstbewusstsein!

KIEFER | Pinus
19. bis 29. Februar, 24. August bis 2. September
Standort: 1190 Wien, Krapfenwaldlbad (Kieferngruppe)
Charakter: unbefangen, wendig, aufrichtig, analytisch, ordentlich, rational, vernünftig, solide

Ich übertreibe nicht, wenn ich behaupte, dass wir herausragende Geschöpfe sind. Schon die Kelten verwendeten mein Gehölz (Rotkiefer) als lange brennende Fackeln und nannten

mich den »Feuerbaum«, nicht zuletzt wegen meiner leuchtend roten Rinde. Du bist so wie ich auch unter schwierigen Bedingungen ausdauernd und zäh – wir entsprechen demselben Prinzip, denn karge Gegenden sind für mich, anspruchslose Kiefer, kein Problem. Ich bin wie Du, denn ich kann gut mit wenig glücklich sein. Deine Bescheidenheit und Stabilität zeichnen Dich aus. Eine praktische, bodenständige Lebensweise, rational und immer ohne wirtschaftlich zu große Erwartungen zu haben, sind Deine wichtigsten Eigenschaften. Deine Ordnungsliebe ist legendär und Dein Weitblick phänomenal. Als Zirbenkiefer bin ich bekannt für mein zuerst rötliches und später rotbraun gefärbtes Kernholz, das stark aromatisch duftet. Die ätherischen Öle im Harz meines Holzes haben eine entspannende und schlaf- und somit gesundheitsfördernde Wirkung, weshalb ich vor allem für Möbel, vorrangig für Schlafzimmermöbel, aber auch im Saunabau und natürlich in der Aromatherapie zum Einsatz komme. Du bist wie ich gesundheitsbewusst und widerstandsfähig. Das muss auch so sein, denn ich wachse in Höhenlagen auf bis 2.300m und behaupte mich dort tapfer gegen das rauhe Klima. Wenn um Dich herum schlechte Stimmung und Chaos ausbrechen, behältst Du den Überblick und regelst mit Güte und Geduld die Dinge, die zu regeln sind. Du bist wählerisch und analysierst erst die Lage, bevor Du urteilst und entscheidest. Wer Klarheit, Ordnung und Stabilität in seinem Leben vermisst, soll unbedingt meine Nähe suchen.

WEIDE | Salix
1. bis 10. März, 3. bis 12. September
Standort: 1190 Wien, Grinzinger Steig/Wildgrubgasse (Bruchweide)
Charakter: familiär, romantisch, verträumt, flexibel, einfühlsam, künstlerisch, besinnlich

Ich bin die Poetin unter den Lebensbäumen. Die Welt ist für mich ein Gedicht. Mal traurig, mal heiter, aber immer in sinnliche Worte gegossen. Ich lebe an Uferböschungen und

beuge meine biegsamen Äste gerne über das Wasser. Durch die Spiegelungen kann ich intuitiv Dinge zwischen den Welten erkennen. Geht es Dir auch so? Ahnst Du Dinge voraus, die dann wirklich eintreten? Du bist intuitiv und verträumt, aber auch kreativ und einfühlsam. Wie meine elastischen und biegsamen Äste, die schon früh für Weidenkörbe gedreht und geflochten wurden, bist Du körperlich und geistig flexibel, fernab von gesellschaftlichen Normen und Vorurteilen. Du bist anpassungsfähig, mal dehnst Du Dich aus, mal ziehst Du Dich zurück – je nachdem, wie es der Situation angemessen erscheint. Ich bin die Verwandlung und Transformation. Alte Legenden, Märchen und Sagen erzählen von Hexenbesen aus Weidenruten, schönen Mädchen, die unter Weiden verschwanden und als fauchende Katzen wieder auftauchten und keltischen Druiden, die Erntedankfeste zur Zeit der Weidenblüte feierten. Ich stand aber auch Modell für wunderschön romantische Landschaftsbilder, gemalt aus Aquarell, dargestellt im Wandel der vier Jahreszeiten. Du bist belastbar und ausdauernd, so wie meine Äste, kaum zu brechen. Die Familie bedeutet Dir viel und in ihrem Verbund fühlst Du Dich sicher und geborgen. Wer Trost und Rat sucht, ist bei mir (und Dir) bestens aufgehoben. Denn wenn es jemand schafft, aus der Dunkelheit ins Licht zu führen, dann bist Du es, mit Deinen hoffnungsspendenden und aufmunternden Worten. Mit Dir (und mir) ist Glücklichsein ganz einfach. Komm, lehne Dich an mich, erfinde Dich neu!

LINDE | Tilia
11. bis 20. März, 13. bis 22. September
Standort: 1190 Wien, Gspöttgraben 1 (Sommerlindengruppe)
Charakter: herzlich, sozial, harmonisch, gesellig, künstlerisch, verträumt, sanft, nachgiebig, liebevoll

»Am Brunnen vor dem Tore«, da stehe ich in Franz Schuberts Winterreise, einem von ihm vertonten Liederzyklus, den Wilhelm Müller im 18. Jahrhundert geschrieben hatte. Be-

kannt ist aber auch mein milder Duft, der Harmonie verströmt. Du findest mich zum Beispiel im Schlossgarten Schönbrunn in der Nähe des Irrgartens. Dort gibt es eine ganze Allee von mir – die Lindenallee. Auch entlang der Mariahilfer Straße und der Ringstraße wurde ich zahlreich gepflanzt. Du hast so wie ich einen ausgeprägten Sinn für die schönen Dinge des Lebens. Ob in der Liebe oder in der Kunst – dort wo Du bist, sind Schönheit und Ästhetik zuhause. Du bist künstlerisch begabt, manchmal verträumt und immer sanft und nachgiebig. Auf der Suche nach lieben, seelenverwandten Menschen strebst Du danach, mit ihnen zu verschmelzen. Dass das nicht immer gut ausgeht, hast Du schon erlebt. Und doch lässt Du Dich nicht von Deiner Hoffnung abbringen, den perfekten Lebensmenschen, die große Liebe, den Traumprinzen oder die Traumprinzessin irgendwann doch zu finden. Meine Blätter, in Form eines Herzens, sprechen die selbe Sprache. Du weißt, irgendwann steht er/sie vor Dir. So wie ich, in all meiner Pracht und Größe, als Sommer- oder Winterlinde. Erinnere Dich, unter mir wurden Hochzeiten gefeiert, getanzt, gelacht und gesungen. Auch die Bienen lieben mich, ich locke sie mit meinem zauberhaft sanften Duft und den zahlreichen feingliedrigen Blüten an. So wie ich bist auch Du ein aufgeschlossener Charakter, oft heiter, gesellig und sehr beliebt. Umgib Dich mit Liebe und Heiterkeit in meiner Nähe. Umarme meinen Stamm oder tanze unter dem goldenen Blätterdach im Herbst.

EICHE | Quercus
21. März
Standort: 1190 Wien, Straßergasse 2 (Stieleiche)
Charakter: robust, mutig, standhaft, tapfer, beschützend, dominant, selbständig, bodenständig, würdevoll

So wie ich mich mit kräftigem Stamm und mächtiger Krone gegen wilde Stürme stemme, bist Du tapfer und stellst Dich den Herausforderungen des Lebens. Wo immer Du auch er-

scheinst, Dich umgibt die Aura von Stärke, Ausdauer und Kraft. Auch mir wohnt dieser Zauber inne, denn in der Antike galt ich als kräftigster Baum von allen und wurde daher den mächtigsten Gottheiten geweiht. Es waren keine geringeren als Zeus bei den Griechen, Jupiter bei den Römern, in den nordischen Mythologien *Sibia*, die Göttin der Ernte und sogar in Japan wurde ein Eichengott namens *Kashima-no-Kami* verehrt. Du siehst, der Glaube an den Zauber, der uns beide umgibt, ist uralt und zudem ein Sinnbild Deiner Ausdauer und Widerstandskraft. Meine Wurzeln, die bis zu 8m ins Erdreich ragen, sind ein Symbol für Standfestigkeit und zeigen, dass auch Dich nichts erschüttern kann. Du lässt Dir weder Unsinnigkeiten vormachen noch irgendetwas aufschwatzen. Tapfer beschützt Du Deine Liebsten vor allfälligen Gefahren, willst dafür aber auch gerne mal gelobt werden. Du bist ein herausragender Gastgeber und bestimmt der dominante Part in Beziehungen. An meinen Stamm und Deiner Schulter kann man sich wunderbar anlehnen. Für Veränderungen sind wir beide aber nicht sehr aufgeschlossen. Wir sind mehr die Bewahrer, mitunter auch egozentrisch. Eine besonders löbliche Eigenschaft findet sich in Deiner Loyalität. Du bist außergewöhnlich freiheitsliebend und tolerant und aufgeschlossen in Deiner Weltanschauung. Wenn Du Dich ausgelaugt und überfordert fühlst, Du Dir mehr Stabilität in Deinem Leben wünschst, dann lehne Deinen Rücken an meine alte Rinde, ich spende Dir neue Energie!

HASEL | Corylus avellana
22. bis 31. März, 24. September bis 3. Oktober
Standort: 1190 Wien, Kreindlgasse 9 (Baumhasel)
Charakter: ehrlich, kommunikativ, verständnisvoll, intuitiv, charmant, humorvoll, tolerant, intelligent, eindrucksvoll

Wünschelrute, Zauberstab, Wanderstöcke oder auch Armbrustbögen – ich bin in meiner Vielseitigkeit kaum zu überbieten. Neben dem Holunder und der Hainbuche bin ich die

Dritte im Bunde der magischen Hölzer. Ich wurde als Symbol der Fruchtbarkeit und der sexuellen Kraft verehrt und kann dazu nur sagen: Meine Nüsse haben es in sich! Als Talisman habe ich allerlei Unheil abgewandt – man sagt, ich hätte etwas Beschützendes an mir. Geht es Dir auch so? Hat man Dich im Haus, dann breitet sich kein Unheil aus? Schonungslos in Deiner Ehrlichkeit und Offenheit jedoch, konfrontierst Du Deine Mitmenschen auch manchmal mit unangenehmen Wahrheiten. Man verzeiht Dir aber, denn mit Deiner charismatischen Ausstrahlung und Deinem Charme aber auch mit Deiner unaufdringlich humorvollen Art bist Du überall gerne gesehen. Man mag Dich einfach. Lüge ist Dir ein Gräuel, die Wahrheit Dein Lebenselixier. Mit Deinem scharfen Verstand erkennst Du verborgene Dinge zwischen den Zeilen und schaust gerne hinter die Kulissen. Du bist das vermittelnde Prinzip in der Gesellschaft, zeigst Verständnis für Schwächere und förderst Talente, weil Du sie erkennst. Mit Deinen feinen Antennen und Deinem wachen Geist bringst Du außerdem Licht in jede verworrene Situation. Du bist der gebildete, weitsichtige Gesprächspartner, der mit seinem guten Gespür und seiner Intuition jede Diskussion auf eine vernünftige Basis bringt. Aber sogar Du wirfst, genauso wie ich, manchmal Schatten. Es sind die eigenen Ziele, die Du dann und wann aus den Augen verlierst, es ist die Selbstkritik, die Dich blockiert. Finde Klarheit unter meinen schützenden Ästen und koste von meiner magischen Kraft.

EBERESCHE | Sorbus aucuparia
1. bis 10. April, 4. bis 13. Oktober
Standort: 1230 Wien, Haymogasse 124 (Speierling)
Charakter: schön, lieblich, optimistisch, gemeinschaftlich, stilsicher, kreativ, selbstkritisch

Nenn mich »die Schöne«, die »Liebliche«, sing mir Lieder, schreib mir ein Gedicht über das Gute in der Welt. Es gibt an die 150 verschiedene Bezeichnungen für mich – nur falls

jemand fragt, ich bin die mit den kleinen orangeroten Beeren. Meine Ansprüche an den Standort sind relativ gering, bin mittelgroß (ca. 25m hoch) und oft strauchartig gewachsen. Meine Früchte stehen am Speiseplan von mindestens 60 Singvogelarten, die ich ihnen zur Erntezeit gerne anbiete. Wenn man bedenkt, dass sie dann durch ihren Kot meine Samen an die unmöglichsten Plätze tragen, ist meine diversive Verbreitung nicht verwunderlich. Alle lieben mich: Bären, wo es sie noch gibt, schnappen sich frech ganze Fruchtbüschel und stopfen sie sich ins Maul, Bienen sind Fan meiner Blüten und vorzugsweise in den Salzburger Gebirgsgauen wird neben Wacholder-, Enzian- und Holler-, unter dem Vorwand des gesundheitlichen Aspektes, auch gerne Vogelbeerschnaps aus meinen Früchten gebrannt und getrunken. Auch Du bist sehr beliebt und liebst das Leben mit allen seinen Facetten. Kann sein, Du engagierst Dich für Gemeinwohlökonomie, in jedem Fall aber für das Wohl aller und Du setzt Dich, wenn es sein muss, sogar in der Öffentlichkeit für Unabhängigkeit und Freiheit ein. Du befruchtest Deine Umwelt mit Deinen Idealen und Deinem unerschütterlichen Einsatz, das Leben für jeden schöner zu machen. Werte wie Respekt und Toleranz sind das Schwert und die Lanze auf Deinem oft ehrenamtlichen Feldzug im Kampf für das Gute. Die Selbstkritik ist dabei das Pferd, das Du täglich reitest. Wer häufig gedanklich in der Vergangenheit »festhängt«, findet hier an meiner Seite wieder den Blick für das Wesentliche!

AHORN | Acer
11. bis 20. April, 14. bis 23. Oktober
Standort: 1230 Wien, Ölzeltpark (Feldahorn)
Charakter: rebellisch, dynamisch, fantasievoll, unerschöpflich, freiheitsliebend, inspiriert

Ich bin der Baum der Freiheit und stehe symbolisch für die Vereinigung von Gegensätzen. Für mich gibt es kein »entweder oder«, ich mag es viel lieber: »sowohl als auch«. Ich

bin der am häufigsten gepflanzte Baum im Wiener Stadtgebiet, mich gibt es über 25.000 mal. Die meisten meiner Kollegen stehen im 21. Wiener Gemeindebezirk, in Floridsdorf. In höheren Gebirgslagen bin ich beheimatet, dort markiere ich oft gemeinsam mit der Eberesche (Vogelbeerbaum) die Laubwaldgrenze. So wie ich mit meiner üppigen runden Baumkrone und meinem oft sehr hohen Lebensalter von über 500 Jahren beeindrucken kann, glänzt Du durch Dein dynamisches Auftreten, Deine sprühende Energie und Deine Souveränität. Du hast ein ausgezeichnetes Gedächtnis und lässt Dich gerne umschmeicheln. Trotz Deiner einerseits schüchternen als auch zurückhaltenden Art bist Du der Star auf jeder Veranstaltung. Meine Blätter sind fünfzackige, strahlende Sterne, die im Herbst durch ihr Farbenspiel jeder Landschaft eine heitere Note verleihen. Was wäre der Herbst ohne diese intensiven Rottöne? Die selbe Power spiegelt sich in Deinem unentwegten Streben nach der eigenen Identität wider. Anerkennung um jeden Preis? Lächerlich! Dazu wärst Du viel zu Stolz. Stattdessen schmiedest Du lieber originelle Strategien, mit denen Du Deine Liebsten begeistern und unbemerkt um den Finger wickeln kannst. Du spielst in jedem Fall die 1. Geige. Apropos: Streich-, Zupf- und Blasinstrumente sowie Klavierteile sind aus meinem Holz gemacht und hört, hört: sogar das Trojanische Pferd war aus meinem Stamm geschnitzt. Wer Ruhe und Ausgeglichenheit sucht, findet sie bei mir.

WALNUSS | Juglans regia
21. bis 30. April, 24. Oktober bis 2. November
Standort: 1190 Wien, Sieveringer Straße 190 (Roter Walnussbaum)
Charakter: fleißig, strebsam, kompromisslos, weitgeistig, unbeugsam, kontrastreich, autoritär, leidenschaftlich

Nomen est omen: Im »Dorf, wo Nussbäume wachsen« – in Nussdorf, einem Ortsteil des 19. Wiener Gemeindebezirks – standen früher tatsächlich Alleen voller Nussbäume. Ich

brauche viel Platz und liebe es, mich auszudehnen. Insekten lehnen mich ab, was mich ehrlich gesagt, wenig stört. Hauptsache, ich trage eine reiche Ernte. Dies aber nur, wenn es mich nicht »fröstelt«. Meinen Früchten wird seit ich denken kann eine starke Heilkraft zugeschrieben. Ein hoher Vitamin-C-Gehalt und ausreichend ungesättigte Fettsäuren sind mein Geheimnis. Als »Anführer der Meute« ist man nicht immer beliebt, aber einer muss es ja tun. Wir Nuss-Charaktere sind ausgezeichnete Strategen und leidenschaftliche Liebhaber. Weitgeistig denkend und mit einem ausgezeichneten Gedächtnis ausgestattet, sind wir die Autoritäten in der Arena der Giganten. Kleine Siege interessieren uns nicht. Für uns liegt im steten Neubeginn die meiste Kraft verborgen. Alles ist einem immerwährenden Wandel und Gegensätzlichkeiten unterzogen. Kompromisslos verfolgst auch Du Deinen Weg, mit Ausdauer, Fleiß und unbeugsamer Konsequenz arbeitest Du an der Verwirklichung Deiner Projekte. Wehe dem, der Dir im Wege steht – Dein Angriff ist gleichzeitig Deine Verteidigung. Mit Überraschungen und spontanen neuen Ideen muss jedoch gerechnet werden und doch kann man sich auf Dein Wort zu hundert Prozent verlassen. Du hast eindeutig Handschlagqualität und engagierst Dich mit unerschöpflicher Hingabe für Häuslichkeit, Treue und Loyalität.

Wer sich innere (Nerven-)Ruhe und Gelassenheit wünscht, lehnt sich an meinen Stamm oder sucht meine Nähe.

ROSSKASTANIE | Aesculus
15. bis 24. Mai, 12. bis 21. November
Standort: 1020 Wien, Obere Augartenstraße (Roßkastanienallee)
Charakter: gerecht, familiär, beschützend, diplomatisch, verlässlich, begeisterungsfähig, ideell, hilfsbereit

In meiner Herkunftsgeschichte möchte ich den kaiserlichen Hofbotaniker *Carolus Clusius* hervorheben: Er war nämlich der erste Mitteleuropäer, der dafür verantwortlich war, dass

ich hierzulande Wurzeln fasste. Als er 1576 meine Samen aussäte, begann meine Karriere als beliebter Alleebaum in Gärten und Parkanlagen von hier bis weit über Versailles hinaus. Kein Adeliger wollte fortan mehr auf mich verzichten, denn ich war plötzlich »in Mode« gekommen. Meine ganzjährige Schönheit und Nützlichkeit ist unumstritten. Im Frühling bezaubere ich durch meine weißen und roten Blütenkerzen, im Sommer spendet mein üppiges Blätterdach Schatten und im Herbst sind meine Früchte, eingebettet in originelle stachelige Kugeln, schmackhaftes Tierfutter. Im Gegensatz zu meiner Namensschwester, der Edelkastanie, mit der mich rein botanisch gesehen so gut wie nichts verbindet, sind meine Früchte für euch Menschen nicht zum Verzehr geeignet. Der Name »Ross« bedeutet »falsch/unecht« und hierin sehe ich eine Art Verbindung zu Dir und mir. Wir sind beide der Gerechtigkeit und der Wahrheit zugetan! Aber wir sind Idealisten. Es geht uns nicht so sehr um die Gerechtigkeit des Einzelnen, sondern vielmehr um die Gerechtigkeit des Kollektivs. So wie ich bist auch Du nicht gerne alleine. Wir sind familiäre und soziale Charaktere und sind um unsere Anvertrauten bemüht. Du kannst übrigens den Wildtieren mit Deinen gesammelten Kastanien über den Winter helfen. Sammle sie z.B. in Schönbrunn, wo Alleen voller Kastanienbäume stehen und gib sie dann beim Lainzer Tor in der Hermesstraße (1130 Wien) ab. Komm zu mir, wenn Dir Wärme und Geborgenheit fehlt!

ESCHE | Fraxinus Excelsior
25. Mai bis 3. Juni, 22. November bis 1. Dezember
Standort: 1130 Wien, Werthenburggasse 9
Charakter: lebhaft, zielstrebig, kreativ, fordernd, charismatisch, willensstark, unabhängig, extravagant

An Uferböschungen, in Aulandschaften und am Rande von Buchenwäldern wirst Du mich finden. Ich bin unübersehbar, denn ich gehöre zu den höchsten Bäumen unserer Breiten-

grade. Ich liebe das Licht! Mein Artname »Excelsior« bedeutet übrigens: höher, herausragend. So wie ich steckst auch Du Dir hohe Ziele, richtest Deinen Blick nach ganz oben und schaffst es mit Deinem Fleiß und Deiner Ausdauer, die Ziele, die Du Dir vorgenommen hast, zu erreichen. Ich konnte damals bei den Nordgermanen als Weltenbaum *Yggdrasil* in der nordischen Mythologie zu Ruhm und Ansehen gelangen, gelte seit jeher als Symbol für Willensstärke und wurde zum Schutz und als Glücksbringer gepflanzt. Aus meinen Ästen wurden Zauberstäbe geschnitzt und die zungenförmigen Flügel meiner Früchte sind auch bekannt als Drehschraubenflieger, die im Fall ins Trudeln geraten. Es gibt viele Mythen, die sich um mich ranken. Kelten wie Griechen fertigten ihre Waffen aus Eschenholz – der wilde *Cheiron* aus der griechischen Antike z.B. schnitzte den Speer, mit dem *Achille*s seinen Widersacher *Hektor* töten konnte. Wenn Du in meinem Zeichen geboren bist, bist Du unbeugsam und charismatisch und trittst entsprechend extravagant auf. Dich beeindruckt es wenig, von scheinbaren Autoritäten in die Mangel genommen zu werden. Macht, Geld und Ehre sind aber durchaus geeignete Leckerbissen, um Dich zu motivieren. Um nach oben zu gelangen, entwickelst Du dann gerne auch flexible und anpassungsfähige Wesenszüge. Für mehr Kampfgeist und Durchsetzungskraft, für Willensstärke, die Dich voran bringt, lehne Dich an meinen starken Stamm und tanke die Power, die in mir steckt.

HAINBUCHE | Carpinus betulus
4. bis 13. Juni, 2. bis 11. Dezember
Standort: 1180 Wien, Riglergasse 5-11
Charakter: loyal, treu, tolerant, zuversichtlich, unbeirrbar, gerecht, vernünftig, uneigennützig, ausdauernd

Obstpressen, Mühlräder und allerlei Waffen konnte man aus meinem Holz erzeugen. So kam ich zu dem Namen »Eisenholz«, den man mir im Mittelalter gab. Mein Holz ist das

härteste, das es gibt und sehr beliebt nicht nur als Parkettholz. Neben dem Holunder und der Haselnuss spiele ich ganz vorne mit, im Ranking der Tools für magische Künste. Oft stutzte man mich stark zurecht, sodass sich meine Äste dicht miteinander verflechten und ich so als Schutzwall, zur Einfriedung für Haus und Hof oder als Sichtschutz dienlich sein kann. Ich gelte als der Robin Hood unter den Lebensbäumen. Wer in meinem Zeichen geboren ist, sonnt sich in den herausragenden Eigenschaften von Loyalität, Treue, ausgleichender Gerechtigkeit und Toleranz. Du bist, mir so ähnlich, die bedingungslose und uneigennützige KämpferIn im Krieg gegen die Ungerechtigkeiten dieser Welt. Du trittst für jene ein, die Deine Hilfe dringend brauchen und kannst mit Deinem ausgeprägten analytischen Verstand in Kombination mit Deiner sozialen Ader sofort erkennen, wohin es Sinn macht, Deine Kraft zu lenken. Dabei achtest Du kaum auf Deine eigenen Bedürfnisse, was Dich leicht ins Burnout rutschen lässt. Eine Deiner besten Eigenschaften ist Deine Geduld. Du wartest, bis Deine Zeit gekommen ist, um dann im richtigen Moment Deine maximale Stärke zu entfalten. So wie ich mich im Schatten von Eichen wohlfühle und wir gegenseitig im gemeinsamen Verband voneinander profitieren, so suchst auch Du Dir, klug wie Du bist, geeignete Mitstreiter, um den Widrigkeiten des Lebens zu trotzen. Bei seelischer und mentaler Erschöpfung setz Dich zu mir, hier bist Du an der stärkenden Quelle.

FEIGENBAUM | Ficus carica
14. bis 23. Juni, 12. bis 21. Dezember
Standort: 1190 Wien, Himmelstr. 125, Lebensbaumkreis am Himmel
Charakter: familiär, humorvoll, sensibel, schöpferisch, gesellig, harmonisch, optimistisch, kinder- und tierlieb

Ich bin die Geschmackvolle unter den Lebensbäumen und vielerlei Genüssen gar nicht so abgeneigt. Als Adam und Eva im Sündenfall vor lauter Scham erblassten, war ich na-

türlich schnell zur Stelle, um ihre Körperstellen zu bedecken. Die Griechen brachten mich nach Italien. Hier bei den Römern waren meine getrockneten Früchte als Naschereien beliebt, wurden aber auch gemeinsam mit Sesamsamen, Anis, Fenchel und Kümmel zu Kugeln geformt und in Tonkrügen aufbewahrt. So war ich eine wertvolle Winterkost. Ich durfte auch gemeinsam mit der Weintraube an den langen Tafeln Platz nehmen und an rauschenden Festen teilhaben. Was haben wir gelacht und gevöllert! Heute werde ich z.B. im Bio Feigenhof in Kaiserebersdorf gezüchtet *(feigenhof.at)*. Buddhisten verehren mich, denn unter mir kam dem großen *Siddharta Gautama* die große Erleuchtung, was mich in religiösen Zusammenhängen als den Baum des »Erwachens« markiert. Außen bitter, innen süß – so lässt sich am besten Dein Charakter beschreiben: Du lebst in Extremen. Entweder heiß oder kalt, glücklich oder betrübt, nie aber überkommt Dich die Gleichgültigkeit, nie Bedeutungslosigkeit. Du bist empfindsam und kreativ, genießt die Anerkennung, bist dem Leben grundsätzlich optimistisch zugetan. Das überträgt sich auch auf Deine Umwelt: Wenn es mal nicht so gut läuft – mit Dir in der Nähe fühlt es sich zumindest nicht mehr ganz so tragisch an. Du verströmst ein Gefühl von Freude und Sinnlichkeit. Kritik und Widerspruch verträgst Du zwar nur mäßig, doch gerade Deines hohen Anspruchs an Ästhetik in Auftreten und Sprache wegen bist Du immer ein gern gesehener Gast. Chill mal! An meiner Seite findest Du Ruhe und Gelassenheit!

BIRKE | Betula
24. Juni
Standort: 1220 Wien, entlang des Oberen Mühlwassers
Charakter: freundlich, entspannt, zart, feinsinnig, sympatisch, intelligent, unterhaltsam, anziehend

Im keltischen Baumalphabet, dem sogenannten *Ogham-Alphabet* bin ich der 1. Buchstabe »Beth« und somit Symbol für den Neubeginn. Ob zur kultischen Reinigung für

Körper und Seele mit der Birkenrute (Hexenbesen) oder als die ursprüngliche Form des Maibaums bei den germanischen Völkern zur Einläutung des Frühling, immer gelte ich als Zeichen des Wiedererwachens und der Jugend, aber auch als Fruchtbarkeitssymbol (Maibaum = Phallus, Kranz = Vagina). Im internationalen Pollenbelastungs-Ranking bin ich, dicht gefolgt von den Gräserpollen, mittlerweile auf Platz 1 gelandet. Mit meiner überbordenden Kraft kann ich explosionsartig in kürzester Zeit ein Maximum an Blütenpollen freisetzen, was Allergikern ziemlich zu schaffen macht. Das tut mir sehr leid, doch als Frühblüher, der ursprünglich als Lichtbaum verehrt wurde, liegt das impulsgebende Prinzip eben in meinen Genen. Ansonsten bin ich eher nützlich veranlagt. Ich diene als Rohstoff für Naturheilmittel und mein Holz wird zur Herstellung von Möbeln und Holzkohle verwendet. Als einer der 4 Hauptbäume der Kelten strecke ich meine Äste in den Himmel. Wenn Du am 24. Juni, drei Tage nach der Sommersonnenwende geboren bist, eint uns die Kraft der Lebensfreude. Mit Tugendhaftigkeit und Herzenswärme kochst Du Dein Süppchen gegen jede Krise. Widerstandskraft und ein gutes Gespür für das rechte Maß und Ziel sind Dein Rezept. Mit einem wachen Geist und regem Verstand glänzt Du in beratenden Funktionen, gerne auch als Förderer und Impulsgeber von Jungunternehmern. Wenn Dir Impulskraft fehlt, setz Dich an meine Rinde – hier kommt die Power zum Losstarten!

APFELBAUM | Malus
25. Juni - 4. Juli, 23. Dezember - 1. Jänner
Standort: 1100 Wien, Am Wienerberg, Nähe Waldspielplatz
Charakter: gerecht, harmonisch, genießerisch, friedlich, lieblich, geduldig, charmant, gesellig, geschmackvoll, Flirtmeister!

»Denn das Schöne ist nichts als des Schrecklichen Anfang, den wir noch gerade ertragen, und wir besudern es so, weil es gelassen verschmäht, uns zu zerstören.« (Rainer Maria Rilke).

Kaum ein Baum trägt so reichlich Symbole in sich und musste gleichzeitig solch Scham über sich ergehen lassen, wie ich. Angefangen bei den Kelten, wo ich als Inbegriff für Fruchtbarkeit und Schöpfung galt, über die Griechen, für die ich ein Sinnbild für die Reise ins Paradies war, bis hin zu den Christen, die mich dann in ihrer Bibel für den Rausschmiss aus dem Garten Eden mitverantwortlich machten. Meine Früchte mussten aus purem Gold als Symbol für Herrschaft und Macht (Reichsapfel) herhalten, wo sie doch viel früher schon angeblich den germanischen Göttern Unsterblichkeit und ewige Jugend schenkten. In Wirklichkeit bin ich schon seit der Steinzeit ein wichtiger Bestandteil der menschlichen Ernährung. Als Kulturapfel reicht meine Tradition weit in die Vergangenheit. Gab es vor 3000 Jahren um die 20 Sorten von mir, sind es heute schon über 1000. Wenn ich ehrlich bin, mich tangieren die Verleumdungen von früher eher perifer. Mich dünkt nach Anmut und Schönheit und würde mich heute jemand fragen, ich erzählte die Geschichte von Dionysos, der die Göttin Aphrodite mit einem Apfel verführte, ganz neu. In jedem Fall nicht mit einem so grässlichen Ende. Ich weiß, Du verstehst mich. Auch Du bist ein Meister im Flirten, bist den Liebeleien nicht abgeneigt. Du bist mir sympathisch und nicht nur mir! Deine zärtliche und verständnisvolle Ausstrahlung, Dein Charisma eilt Dir im positiven Sinn voraus. Komm zu mir und lass uns ein bisschen träumen – von der Liebe und vom schönen Leben!

OLIVENBAUM | Olea europaea
23. September
Standort: 1130 Wien, Palmenhaus Schönbrunn (Ältestes Gewächs Wiens)
Charakter: gerecht, harmonisch, aufrichtig, tiefgründig, friedlich, bedächtig, geduldig, nachhaltig, verbindend

In mir sind Gegensätze vereint, ich bin die Erfahrung und die Weisheit und ich stehe für den Frieden. Am Tag des Herbstbeginns, an dem sich die Tag- und Nachtlänge die

Waage halten, bist Du geboren. Der Herbst kann nun kommen und mit ihm die Ernte meiner Früchte. Du strebst danach Gegensätze auszugleichen, meidest Streit und Auseinandersetzungen und schaffst es, durch ein freundliches Wort oder ein liebes Lächeln eine friedliche Atmosphäre zu schaffen. Dein Streben nach Harmonie hat etwas kampflos Siegreiches an sich. Fälschlicherweise wird immer behauptet, der Siegeskranz der Olympischen Spiele in der Antike bestand aus Lorbeeren. Nein! *Kotinos*, so wurde der Siegeskranz bei den Griechen genannt, war in Wirklichkeit ein Kranz aus Olivenzweigen. Die Geschichte mit der Taube, die einen Olivenzweig im Schnabel trug, als sie zur Arche Noah zurückkehrte, erzähle ich übrigens am liebsten. Gerne werde ich mit Reichtum, Wohlstand und Glück in Zusammenhang gebracht. Wir Oliven-Naturelle wachsen langsam und werden sehr alt, wir speichern alles Wissen in uns, vergessen nichts. So verwundert es auch nicht, dass Archäologen Kerne meiner Früchte fanden, die von wilden Olivenbäumen aus der Bronzezeit stammten. Ich kann mit Stolz behaupten, dass das Öl, das aus meinen Früchten gewonnen wird, zu den ältesten Nahrungs- und Heilmitteln der Menschheit gehört. Die entzündungshemmende Eigenschaft des Wirkstoffes *Oleocanthal*, der in nativem Olivenöl wissenschaftlich nachgewiesen wurde, und eine Vielzahl an weiteren gesundheitsfördernden Anwendungsmöglichkeiten, machen mich zu einem unverzichtbaren und kostbaren Lebenselixier.

EIBE | Taxus baccata
3. bis 11. November
Standort: 1030 Wien, Rennweg 12 (Tausendjährige Eibe)
Charakter: geheimnisvoll, tiefgründig, sensibel, kritisch, sarkastisch, querdenkend, rege, resilient, ambivalent, zäh, introvertiert

Dunkle Geheimnisse ranken sich um mich, tiefgründig und undurchschaubar sind die Gedanken von Eiben-Charakteren. Ich wache zwischen den Lebenden und den Toten und meine

Zweige wurden zum Schutz vor dem Bösen als Grabbeigabe zum Leichnam in den Sarg gelegt. Als Wächterin der Seelen am Tor zur Unterwelt weihte man mich der Göttin Hekate. Sie galt als die byzantinische Ur-Mutter, die Vermittlerin zwischen Himmel und Erde und steht somit für weit mehr als die ihr oft zugesprochene Symbolik von Finsternis und Zauberkraft. Der Saft meiner Nadeln und Früchte, *Taxin* genannt, hat wohl vielen das Leben gekostet. Es führt binnen kurzer Zeit zu Lähmungserscheinungen und Atemstillstand. Man tunkte z.B. Speerspitzen in giftigen Eibensaft und braute einen Sud, um ihn als Abtreibungsmittel zu verwenden. Auch wenn ihr mich den »Baum des Todes« nennt, stehe ich auch für die Wiedergeburt, bringe erstmal Chaos und Krise, um aufzurütteln. Wenn man bedenkt, dass die Römer dachten, der Weg zur Unterwelt führte durch dichte Eibenwälder, ist es wenig prickelnd für mich, wenn meine Bekanntheit heute über die Verwendung als Friedhofsbaum kaum hinausreicht. Dabei sind wir Querdenker und Idealisten, aufgeschlossen für Neues, intensive und tiefgründige Wesen. Tauchst Du in Abgründe, gehst Du gestärkt wieder daraus hervor. Flexibel reagierst Du, mit feinen Antennen ausgestattet, auf schwierigste Lebenssituationen, hältst Ewigkciten durch, bist die personifizierte Geduld. Den Normen der Gesellschaft beugst Du Dich nur augenscheinlich und zum Zweck, der die Mittel heiligt. Was wirklich Sinn hat, fragst Du Dich oft? Die Antwort findest Du in Dir, vielleicht in meiner Nähe.

BUCHE | Fagus
22. Dezember
Standort: 1160 Wien, Wilhelminenstraße 136 (Blutbuche)
Charakter: familiär, praktisch, realistisch, pflichtbewusst, dominant, ausdauernd, gewissenhaft, ökologisch, konkurrenzfähig, zuversichtlich

Sonnenstrahlen, die durch mein gelbgrünes Blätterdach blitzen, vermitteln – blinkenden Sternen gleich – neue Hoffnung und Zuversicht. Mein Blätterrauschen ist legendär. Druiden

meinten darin das Raunen der Götter zu vernehmen und deuteten es als Offenbarungen, die sie als Runen in Buchenrinde und Buchenstäbe (Buchstaben!) ritzten. Es wird vermutet, dass aus dieser Zeit auch Schrifttafeln aus Buchenholz entstanden sowie tatsächlich die äußeren Bretter erster Bücher aus dem 16. Jahrhundert aus meinem Stamm gefertigt wurden. Mythologisch bin ich eng mit Schrift und Literatur verbunden, gelte als die Förderin der Wissenschaft und Dichtkunst. Ihr erinnert euch an die in meine Rinde geritzten Botschaften von Verliebten. Initialen der Liebe für die Ewigkeit konserviert. Anmut strahlen wir Buchen-Naturelle aus, Organisationstalent und eine praktisch vorausschauende Lebensweise werden uns nachgesagt. So wie ich als »Baum der Ruhe« aber auch als »Die Königin des Waldes« gelte, strahlst Du Zuversicht und Geborgenheit aus, wo immer Du auch erscheinst. *»...das milde Dämmerlicht und das Rauschen des Blätterdoms ruft in uns Reminiszenzen wach. Es berührt die im Unterbewusstsein getragene Erinnerung an die vorgeburtliche Geborgenheit im mütterlichen Schoß. Der Klangteppich vermittelt das Rauschen des Blutes im mütterlichen Orgasmus, das Sichheben und Senken des Atems und das Brummen der Gedärme. Es ist eine Ursymphonie, die uns mit unseren Ursprüngen verbindet…«* schreibt W. D. Storl über die Stimmung, in die wir in Buchenwäldern eintauchen. Meine Wurzeln laden Dich ein, auf ihnen wie in Mutters Schoß Platz zu nehmen und Ruhe & Gelassenheit zu tanken.

Amouröse Gesellen

Pilze

Gemeinsam geht es oft einfach leichter. Man unterstützt sich gegenseitig und profitiert von den positiven Eigenschaften und Stärken des jeweils anderen. Was wie ein gutes Geschäft erscheint, ist in Wirklichkeit viel mehr. In der Pflanzenwelt nennt man dieses »Phänomen« Mykorrhiza, was übersetzt Pilzwurzel bedeutet. Es gibt mehr als 1.000 Arten von Mykorrhiza-Pilzen in Mitteleuropa. Bekannte Vertreter sind beispielsweise das Eierschwammerl, der Steinpilz, der Trüffel und die ungenießbaren Sorten, wie der Knollenblätterpilz und der Fliegenpilz. Es handelt sich um gewiefte symbiotische Beziehungen, von der alle profitieren. Der eine (der Baum) liefert Kohlenhydrate wie Zucker, der andere (der Pilz) revanchiert sich dafür mit Wasser und Nährstoffen wie Phosphaten und Stickstoff. Bäume gehen meistens gleich mehrere Pilzpartnerschaften ein, sie sind sozusagen »polyamorös« eingestellt. Diese verbindenden Lebensgemeinschaften haben mehrere Vorteile gleichzeitig.

Erstens können durch die sich weiter ausdehnenden Pilzgeflechte Nahrung von einem Baum zum nächsten weitergegeben und wertvolle Informationen ausgetauscht werden, zweitens kann durch mehr Fläche, bedingt durch die sich zusammenschließenden Pilzgeflechte, mehr Nahrung und Wasser aufgenommen werden und drittens kommt es proportional zur Dimension des Pilzmantels, der sich um die Wurzeln legt, zu mehr Schutz vor Giften wie Schwermetallen und Krankheitserregern. Auch bei Trockenheit und Frost ist der Baum viel besser geschützt, als wenn er ganz alleine zu-

rechtkommen müsste. Pilze »arbeiten« sich mit ihren sogenannten Pilzfäden, einem weißen Pilzgeflecht, dem sogenannten *Pilzmyzel*, in die feinsten Ausläufer der Wurzeln vor, nützen hier Leerräume zwischen den Wurzelzellen, nisten sich ein und breiten sich möglichst weitläufig aus. Die feinen spinnenartigen Fäden des Pilzmyzels durchdringen Waldböden, Rinden, Erde, Moose und überhaupt alles, was sich im Laufe der Zeit in der freien Natur zersetzen kann. Was wir PilzsucherInnen sehen, wenn wir Pilze finden, sind quasi »nur« die an der Oberfläche des Waldbodens sichtbaren Fruchtkörper des Pilzmyzels. Bei geeigneten Witterungsbedingungen bildet dieser einen Strunk samt Pilzhut und schon kann er von uns gepflückt werden. Um das unterirdisch wachsende Pilzmyzel dabei unbeschadet zu lassen, empfiehlt es sich, den Pilz vorsichtig schraubenartig herauszudrehen oder mit einem kleinen, scharfen Messer knapp am Boden abzuschneiden. Sollte beim Herausdrehen ein Loch entstanden sein, überdeckt man es wieder mit Erde oder Humus, damit das darunterliegende Pilzgeflecht nicht austrocknet.

Wo man am besten Pilze findet? Man hält sich an ihre Partner: Der Stein-/Herrenpilz z.B. findet sich unter Fichten und Buchen. Das Eierschwammerl bzw. der Pfifferling ist in seiner Partnerwahl nicht gar so wählerisch: in der Nähe von Laub- und Nadelbäumen wie Buchen, Eichen oder Kiefern außerdem gerne auf moosigem Untergrund.

Weiche Welten

Moose

Zauberhaft schmiegt sich das Moos über den Waldboden und malt damit die Kulisse einer Märchenszene. An Baumstämmen sanft hinaufgleitender und sich um Äste windender Samt, auf Totholz schlafende Farbflecken – ein Universum aus Grüntönen, in Schönheit und Anmut kaum zu überbieten. Mit nackten Füßen im Moos zu stehen, weich in den gepolsterten Boden zu versinken, ist purer Genuss und maximale Freude. Es ist wie ein Gedicht, dass sich reimt, wie eine Handvoll sanfter Küsse.

Weltweit existieren um die 16.000 Arten der winterharten, immergrünen Pflanze. Die am weitesten verbreitete ist die Gruppe der Laubmoose. Entgegen der Annahme, Moose würden sich nur feuchte Standorte wie Aulandschaften & Co für ihren Lebensraum auswählen, wachsen sie dennoch auch an den für sie unwirtlichsten Orten. Denn Moose sind wahre Überlebenskünstler. Längere Zeiten von Trockenperioden überstehen sie problemlos. Sämtliche Stoffwechselvorgänge werden dann in den »Schlafmodus« heruntergefahren, die Fotosynthese macht Pause und sie verfallen in Trockenstarre. Diese Strategie macht sie zu sogenannten »Auferstehungspflanzen«, die sogar die Eiszeit überstehen konnten. Die extrem widerstandsfähigen Moose gehören zu den ältesten Landpflanzen, die es gibt. Vor ca. 450 Millionen Jahren, als sich das Leben der Pflanzen vom Meer auf das Festland verlagerte, kam es zu einem evolutionären Wendepunkt: Moose konnten sich aus Grünalgen von der Wasser-

zur Landpflanze entwickeln. Die wurzellosen Geschöpfe verfügen über sogenannte Rhizome, die sie davor bewahren, vom Wind fortgeweht zu werden. Sie sind zudem mit einem geschickten System zur Wasseraufnahme ausgestattet. Wie Schwämme saugen sie Unmengen von Wasser auf, das allerdings nicht dauerhaft gespeichert werden kann und deshalb über die Luft wieder verdunstet. Das macht sie zu einem wertvollen Mitarbeiter im Dienste des kühlen und feuchten Waldklimas. Im Mittelalter war man durchaus kreativ und wusste Moose gut für praktische Zwecke zu gebrauchen. Es diente in getrocknetem Zustand als Polster- und Matratzenfüllung. Zypressenschlafmoos eignete sich vermutlich besonders gut dafür. In Japan wurden Moose als Füllmaterial in Särge gestopft und im Ersten Weltkrieg schätzte man sie als Wundkompressen. Heute gelten Moose als perfekte Bioindikatoren. Wo Moose und Flechten wachsen, ist die Welt noch in Ordnung, sagt man. Ihre unmittelbare Reaktion auf schadhafte Umweltbedingungen macht sich in ihrem Aussehen rasch bemerkbar und ist gut mit freiem Auge erkennbar. Für die Überwachung des Gesundheitszustandes unserer Wälder werden häufig Moose eingesetzt. Sie dienen gewissermaßen als Frühwarnsystem. Mäuse und Igel lieben Moose mindestens so sehr wie Schnecken, Regenwürmer, Spinnen und Insekten. Sie kuscheln sich in die kühlen und feuchten Moospolster und leisten zudem einen wertvollen Beitrag für ein harmonisches Gleichgewicht im »Ökosystem Wald«.

Zarte Geschöpfe

Farne

Was uns am Waldboden begleitet, aus Felsspalten lugt, an Uferböschungen trichterförmig aus dem Boden ragt, sich an Bachläufen vom Wasser umspielen lässt oder aus Mauerritzen winkt – es sind die großen oder etwas kleineren Wedel von Farnen, die mit ihren glatten, manchmal ledernen Oberflächen das Landschaftsbild unserer Wälder und Aulandschaften mitgestalten. Sie sind gemeinsam mit den Moosen und den Schachtelhalm-Gewächsen die ältesten Pflanzen unserer Welt. Global existieren 12.000 Arten dieser Spezies. Ungefähr 100 davon alleine in Mitteleuropa. Die richtig großen, baumgleichen Exemplare kommen aber vorwiegend in den Tropen vor. In unseren Breiten sind es vor allem der kleinere Wurmfarn, der gerne in der Medizin als Heilmittel verwendet wurde, der Hirschzungenfarn, dessen Wedel wie Hirschzungen aussehen und der Rippenfarn, der gerne unter tief verwurzelten Bäumen wohnt – um nur diese drei Exemplare zu nennen.

Merkwürdige Wesen sind sie, ohne Blüten und ohne Früchte kommen sie daher, bezaubern erst mit Kringeln dann mit zarten Blättern, die im Zeitraffer betrachtet wie kleine grüne Männchen aussehen, die sich aufrichten und größer werden, bis sie sich schlussendlich in voller Größe entfalten. Dieses »Ausrollen« passiert tatsächlich, weil im Zuge des Entfaltens die Blattoberseite langsamer mitwächst als die schneller wachsende Blattunterseite, auf der sich die Sporenbehälter, die sogenannten *Sori*, befinden. Wenn sie reif sind, zieht sich ein Ring, der die vertrockneten Sporenbehälter umgibt,

zusammen, bringt sie zum Platzen und schleudert gleichzeitig die Sporen heraus, die der Wind davonträgt. Obwohl Farne keine Blüten aufweisen, werden sie gerne von Insekten besucht. Das liegt nicht etwa daran, dass sie Farne so hübsch finden, sondern an den Nektarien, die sich an den äußeren Blattwedelenden der Farne befinden. Diese produzieren Zucker und sind daher ein beliebter »Ausflugsimbiss« für Insekten. Zu Hildegard von Bingens Zeiten war man sich sicher, dass Farne böse Geister und Dämonen abwehren würden. Es war für die Menschen damals schwer vorstellbar, wie die Vermehrung der Pflanzen so ganz ohne Samen vonstatten gehen sollte. Deshalb zimmerte man sich Erklärungen zurecht, die besagten, dass in der Nacht zur Sommersonnenwende die Samen des Wurmfarns sichtbar würden und diese wiederum demjenigen, der sie fand, zur Unsichtbarkeit verhalfen. Noch dazu würde man befähigt sein, die Tiersprache zu verstehen und die Samen würden Macht und Wissen verleihen. Und weil deswegen jährlich am 21. Juni eine regelrechte Völkerwanderung stattfand, verhängte Herzog Maximilian I. von Bayern das »Landgebot wider den Aberglauben«, das dic Suche nach den geheimnisvollen Samen unter Strafe verbot. Heute fasziniert uns nicht so sehr der Aberglaube oder etwa die mystische Aura, die den Farn vielleicht immer noch umgibt. Es ist schlicht die Tatsache, dass er dem »Gesamtkunstwerk Wald« eine solch zauberhafte Note verleiht.

Fotos: shutterstock

Mehr Abenteuer

Hier findest Du einen Auszug der WildUrb Buchserie und auf **www.wildurb.at** unser gesamtes Verlagsprogramm.

WIEN GEHT

Die reizvollsten Spaziergänge der Stadt

Abenteuerlich oder erholsam, historisch oder modern, lieblich oder verwegen, kontrastreich oder grün, alleine oder gemeinsam: Einfach gehen. Durch Wien.

Alle Touren via QR-Codes online abrufbar.

WIEN WANDERT

Die offiziellen Wanderwege der Stadt

Alle offiziellen Stadtwanderwege und Naturlehrpfade Wiens, »rundumadum« in 7 Tagesetappen sowie Informationen über Grillplätze, Naturdenkmäler, Stempelstationen uvm.

Alle Touren via QR-Codes online abrufbar.

WIEN RADELT

Die City und ihr Umland erfahren

20 Radtouren führen Dich in das liebenswerte Wien hinein und drum herum. Mit dem Radl die Stadt und ihr Umland erkunden und frische Luft und Lebensfreude tanken.

Alle Touren via QR-Codes online abrufbar.

ENDLICH WOCHENENDE 1

Niederösterreichs Norden und Osten, tschechische und slowakische Grenzorte

80 Ausflüge entführen an 40 wundervolle Orte. So abwechslungsreich kann Wochenende sein.

Mit Wegbeschreibungen.

ENDLICH WOCHENENDE 2

Niederösterreichs Süden und Westen, Oberösterreichs Osten und Burgenland

80 Mikroabenteuer an 40 bekannten und unbekannten Orten erleben.

Alle Touren via QR-Codes online abrufbar.

Die neue WildUrb Places-Edition:

PARKS

Erholung und Abenteuer

Wien & Umgebung

FRIEDHÖFE

Flanieren an stillen Orten

Wien & Umgebung